잘
지은
단독주택

다가구주택 입지 선정부터 시공까지,
평생 후회 없는 내 집 짓기

잘
지은
단독주택

홍성옥 지음

SOULHOUSE

내 집 짓기를 꿈꾸는 분이 많습니다. 저 역시 그중 하나입니다. '언젠가 부모님이 몇십 년째 용인 어드매에 가지고 있는, 처치 곤란한 땅에 작은 집 한 채 짓고 살고 싶다.'라는 꿈이 있습니다. 도심에서 조금 떨어진 곳의 마당 넓은 전원주택이나 신도심 택지지구에 멋들어지게 잘 지어진 단독주택들을 볼 때마다 언젠가 내 집을 짓고 싶다는 꿈이 점점 커졌습니다. 그 꿈을 이루는 방법으로 선택한 것이 바로 집 짓기 책을 만드는 거였습니다.

천생 편집자인 저는 살면서 필요한 지식의 대부분을 책을 통해, 그리고 책을 만드는 과정에서 그 주제를 탐구하며 얻습니다. 그런데 집 짓기 책만큼은 쉽사리 시작할 엄두가 나지 않았습니다. 제대로 된 책을 만들려면 집을 짓기로 예정한 건축주를 만나 설계 단계부터 시작하여 길고 험난한 집 짓는 공정을 상세히 기록하고, 입주 전과 후에 사진을 찍고, 수없이 많은 자료를 정리해야 하니, 매일이 전쟁터인 출판사에서 그만큼의 시간과 에너지를 책 한 권에 쏟기가 어려웠죠.

그런데 마침! 제 아이의 어린 시절 공동육아 동기가 집을 짓는다지 뭡니까. 제가 아는 록기 아빠는 평소 토지나 건축에 관심이 많아 주말마다 가족과 임장을 다니고, 꼼꼼하게 여러 자료를 비교 분석하고, 늘 합리적이고 때론 과감한 선택을 내리는 분입니다. 평소 주택 시장에 관한 여러 동향을 파악하고 있던 분이기에 '입지 선정부터 시공까지 후회 없는 내 집 짓기'라는 이 책의 콘셉트에 딱 맞는 예비 건축주였습니다. 그렇게 책을 만들기로 약속한 게 2년 전, 덕분에 그간 잘 지은 단독주택 구경도 다니고, 여러 건축사도 만나면서 어렴풋이 좋은 집에 관한 생각을 하나씩 정리할 수 있었습니다.

분명히 깨달은 사실 하나는 좋은 집의 정의가 하나로 수렴되지 않는다는 겁니다. 제가 본 잘 지은 단독주택들은 묘하게 집주인을 닮았습니다. 형태도, 공간도 다른 그 집들이 제게 잘 지은 좋은 집으로 다가온 것은, 그 집에 사는 가족의 삶을 오롯이 담아내고 있었기 때문입니다. 집은 주인을 닮습니다. 그러니 집주인의 면모를 닮아 잘 지어진 집은 그 형태와 공간이 제각기 다를 수밖에 없습니다. 철없는 부모라 자칭하는 솜이네의 '내맘이당'은 구석구석 탐험하기 딱 좋은 집입니다. 언제든 "가자!" 하고 외치면 집 안과 밖 모두가 여행지가 됩니다. 현명한 교육자이자 흥부자 지원이네 '소솔재'는 잘 정돈된 집 곳곳에 그림과 책, 악기가 가득합니다. 여유로운 공간에서 텍스트와 음표가 튀어오르는 집이지요. 이 책의 저자 홍사남매 가족의 '선향당'은 네 아이의 바람을 곳곳에 담고 있으면서도 예의 바르고, 반듯합니다. 모두가 집 주인을 그대로 닮았습니다.

그렇기에 집을 잘 짓고 싶은 건축주에게는 그 가족에게 잘 어울리는 공간을 설계하는 건축사를 만나는 것이 중요하고, 건축사가 그린 설계도를 하나하나 정확히 쌓아올리는 시공사의 역량이 중요하고, 그 집에 생기를 불어넣을 조명과 가구를 하나하나 고르는 집주인의 노력이 필요합니다. 그렇게 좋은 집은 건축주와 건축사, 시공사의 원활한 소통이 하나로 합쳐진 살아있는 결과물입니다.

이 책은 전문 건축서는 아닙니다. '내 집 짓기'라는 낯설고 험난한 프로젝트에 입문하려는 초보자들을 위해 단독주택 건축 과정을 잘 담은 책을 만들고자 했으니까요. 좋은 콘텐츠를 선별하고 잘 갈무리하여 보기 좋은 틀에 담아온 제 경험과 좋은 땅을 찾아, 합이 맞는 설계사를 찾아, 좋은 재료를 찾아 합리적인 가격에 집을 짓기 위해 쉴 틈 없이 발품을 팔아온 저자의 에너지를 쏟아부은 책이니, 저처럼 집 짓기에 대한 꿈을 펼쳐보려는 예비 건축주들에게는 좋은 안내서가 될 거라 기대해봅니다.

이제 집 짓기, 저도 도전할 수 있을 것 같습니다.

소울하우스 박현주

평범한 회사원 아빠의 내 집 짓기

평범한 회사원 아빠인 나는 행복한 가정을 꾸리고 아이들을 잘 키우는 게 꿈인 사람이다. 그래서 열심히 일하고 아끼고 저축해서 작은 아파트를 분양 받았을 때, 가슴이 벅찼다. 어릴 적 아파트에 살아본 적이 없는 내게 아파트는 늘 동경해오던 보금자리였다. 고층 거실에서 보는 조망이 끝내줬고 춥지도 덥지도 않은 지하 주차장에 내려갈 때마다 마치 부자가 된 기분이었다.

그러나 아이들이 조금씩 커갈수록 층간소음으로 인한 걱정도 커졌다. 매일 뛰지 말라고 소리 지르고, 조금만 격하게 장난감을 가지고 놀면 주의하라고, 밤 9시 이후에는 빨리 자라고 잔소리를 퍼붓는 게 일상이 되었다. 아무리 조심한다고 해도 아이가 넷인 우리 집은 아래층에서, 또는 관리실에서 수시로 인터폰을 받는 죄인이었다. 가끔 아랫집 사람을 엘리베이터에서 만날 때면 죄송하다는 말을 입에 달고 살았다.

어느 순간부터 아파트 현관문이 감옥 문 같았고 창문의 난간이 쇠창살 같은 느낌이 들기 시작했다. '다들 이렇게 사는 거겠지, 시간이 지나 아이들이 중, 고등학생이 되면 해결되겠지.' 그렇게 아파트 생활을 꾹꾹 참다가 작은 카라반을 하나 장만해서 주말에는 캠핑을 떠났다. 캠핑장에서의 해방감은 이루 말할 수 없었다. 아이들은 저희끼리 너른 마당에서 마음껏 뛰어놀고 우리 부부는 한가롭게 차를 마시고 밥을 하고 고기를 구웠다. 그러면서 우리 식구들이 자연에서 즐거움을 느낀다는 것을 깨닫게 되었다.

이렇게 불안한 삶을 살던 와중에 공동육아로 알고 지내는 지인이 단독주택으로 이사하기 위해 단독주택 부지를 사고 설계 중이라는 소식을 들었다. 처음에는 '공동주택에서 단독주택으로 이사하면 불편하지 않을까?'란 생각이 먼저 들었지만, 점차 '우리도 우리 가족에게 맞는 집을 지어 살면 좋겠다.'라는 생각이 들었다. 아파트에서의 삶만을 고집하던 아내도 지인의 단독주택 설계 조감도를 보고 와서는 "우리도 이런 단독주택에서 살면 충간소음 스트레스는 없겠다."라는 말을 했다. '그래! 우리도 단독주택을 지어서 서울에 혼자 살고 계시는 어머니도 모시고, 아이들 소원인 각방도 주자!' 결심이 선 후 아내와 아이들을 불러 모아 가족회의를 시작했다.

다행히 가족 모두가 단독주택에서 살고 싶다고 입을 모았다. 단독주택을 지을 것인지 말 것인지에 대한 회의는 어느 순간 어떤 집을 지으면 좋겠는지에 대한 회의로 이어졌다.

가슴이 두근거렸다. 내가 계획하고 실행에 옮기는 집 짓기 프로젝트는 처음이어서 머리가 복잡했다. 어릴 적 부모님이 단독주택을 짓던 기억이 새록새록 생각나고, 몇 년 전 수익형 부동산에 꽂혀서 오래된 상가주택을 매입하여 리모델링했던 기억이 스치며 자금 계획, 토지 매입, 건축 공부 등 해야 할 것들을 노트에 써 내려갔다.

마침 그때, 함께 공동육아를 하며 친분이 있던 소울하우스의 대표님이 일반인이 단독주택을 계획하고 실행에 옮기는 데 도움이 되는 책을 써보는 것이 어떤지, 제안을 주셨다. '나처럼 건축에 큰 경험이 없는 사람이 책을 쓸 수 있을까? 이런 책을 쓰면 독자들에게 도움이 될까?' 주저하는 마음이 들었지만 한편으로는 직접 집을 지어본 사람만이 줄 수 있는 정보를 담을 수도 있겠다는 생각이 들었다.

깊이 있는 공학적 지식은 어차피 전문가에게 맡겨야 하는 영역이니, 실제로 건축주가 해야 할 일과 고민해야 할 사항들에 대해서 내가 직접 경험한 내용을 담으면 단독주택을 지을 때 시행착오를 줄이는 데 도움이 될 것 같다는 생각이 들어서 한번 해보기로 했다.

집 짓기와 함께 집 짓기 책을 쓰기로 한 후, 서점에서 여러 주택 관련 책을 사보고 건축 관련 세미나를 찾아 돌아다녔다. 지나고 보니 이때가 정말 많은 공부를 한 시기였다. 그러면서 틈틈이 가족들과 함께 토지를 보러 다녔다. 드디어 마음에 드는 토지를 매입한 후 건축 세미나에서 만난 건축사와 설계를 하고 시공사를 선정하여 착공한 후 시공하는 모든 과정을 꼼꼼히 지켜보았다. 늘 메모하고 사진을 찍어 기록을 남기는 한편 건축사, 감리, 시공사, 현장소장, 시공반장 등 각 분야의 전문가들과 수많은 이야기를 나누었다. 단순히 내 집 한 채 짓는 거였다면 모르고 지나쳤을지도 모를 많은 정보에 대해 매 순간 공부하고 전문가들과 의견을 나누고 진행하다 보니, 처음 생각했던 것보다 훨씬 마음에 드는 집이 지어지고 있었다.

집 짓기 책을 쓰기로 한 것은 집 짓기에 대한 내 마음가짐을 바꾸었다. 많은 이가 단독주택 한번 지으면 10년은 늙는다고, 그만큼 맘고생, 몸 고생을 한다고 하지만 나는 문제가 생기면 오히려 '아, 이런 문제가 시공 현장에 있구나. 그럼 이 문제를 어떻게 해결해야 하고, 이런 문제가 발생하지 않게 하려면 사전에 어떤 협의를 해야 하지?'란 생각이 먼저 들었다.
집 짓는 과정에서 필연적으로 생기는 수많은 시행착오를 책에 담아야겠다는 생각으로 진행하다 보니 시공 과정에서 작업자가 시공을 잘못해도 그것을 탓하기보다 잘못한 시공은 어떻게 수정하는지가 더 궁금했고, 그러한 과정을 현장소장과 협의하면서 또 하나의 현장 지식이 생겼다. 여러 차례 전시회를 방문하여 시공 자재를 보다 보니 좋은 자재를 고르는 눈도 생겼다. 맘에 드는 자재는 직접 자재상을 찾아다니며 구입하여 시공사에 건네주고, 시공사에 원하는 스펙을 제안해서 그와 동급의 자재를 구해 시공하면서 경비도 절감하였다. 어찌 보면 고생이었을 모든 공정은 기록으로, 보람으로 남았다.

무엇보다 열심히 발품을 팔고 하나하나 신경 써 집을 짓는 부모의 노력을 아이들이 평소와는 다르게 봐주어서 흐뭇했다. 어릴 적, 부모님이 집을 짓는 것을 봤던 내가 큰 두려움 없이 단독주택 짓기를 결정할 수 있었던 것처럼, 우리 아이들에게도 이러한 과정이 큰 자산이 될 거란 생각이 들었다. 여러 차례 사진 촬영을 하는 과정을 본 큰아이는 사진에 흥미가 생겼고, 막내 아이는 꿈이 건축사로 바뀌었다.

입주한 지 10개월이 지난 지금, 많은 고민을 하고 지은 내 집에서 우리 가족이 행복하게 생활하는 모습을 보니 기쁘기도 하고 뿌듯하기도 하다. 그리고 이 순간에도 '더 개선할 게 뭐가 있을까?' 계속 생각하면서 내 손으로 직접 하나씩 만들어 채우고 있다. 취미로 하던 목공도 이젠 집에서 할 수 있어서 더욱 좋다. 마치 공간 부자가 된 기분이다. 아파트라면 꿈꾸기 어려웠을 마당에서의 바비큐도, 네 아이 각자의 방도, 부부만의 공간에서 보내는 저녁 시간의 여유도 감사하다.

집을 짓겠다고 계획하고 많은 분을 만났다. 그중 선향당을 열심히 설계해준 비움비건축사사무소의 김병구 건축사님, 내 집보다 더 신경 써서 시공해주신 현장소장 김규태 소장님, 부족한 건축비로 잔금을 많이 요청했는데 흔쾌히 받아준 토토종합건설 이인규 사장님께 감사를 드린다. 그리고 책이 나오기까지 물심양면으로 도와주신 소울하우스 박현주 대표님께도 감사를 드린다. 무엇보다 처음 결정부터 지금까지 항상 응원하고 지지해준 아내와 네 아이들에게 감사하다. 좁은 집에서 일 년 넘게 고생하면서도 크게 불평하지 않고 열심히 생활해줘서 큰 힘이 되었다. 마지막으로 평생을 지지해주시고 지금도 잘되라고 기도해주시는 어머니께 제일 감사드린다.

이 책은 내가 이미 알고 있는 지식만을 바탕으로 쓴 책이 아니다. 건축가와 시공업체, 건축주 등 여러 전문가의 조언을 받아 집 짓기 과정을 글과 사진으로 기록하고 거기에 최신 정보를 정리하여 담은 책이다. 건축 전문가가 보기에는 부족한 부분이 많겠지만 나와 같은 일반 건축주의 시선에서는 쓰임이 있을 거라 믿는다.
이 책을 읽는 나와 같은 평범한 건축주들 모두가 원하는 토지에 멋진 단독주택을 지어 가족과 함께 행복하고 경제적으로 여유로운 삶을 누리는 데 조금이나마 도움이 되었으면 하는 바람이다.

2022년 7월,
선향당 건축주 홍성옥

목차

<table>
<tr><td>PART
1</td><td></td></tr>
</table>

주택에 대한 꿈을 현실로 바꾸다
아파트 탈출의 꿈을 현실로 바꾸는 첫 단추

<table>
<tr><td>PART
2</td><td></td></tr>
</table>

예산부터 설계까지
후회 없는 집을 설계하는 두 번째 단추

시공에서 하자보수까지

내 집을 만나기 전, 꼼꼼히 채워야 하는 마지막 단추

주택에 대한 **꿈**을
현실로 바꾸다

아파트 탈출의 꿈을 현실로 바꾸는 첫 단추

자연과 어우러진 마당이 있는 단독주택에 사는 것은 비단 어린아이가 있는 가족의
로망만은 아닐 것이다. 은퇴 후 제2의 삶을 꿈꾸는 부부, 일터와 생활을 분리할 수
있는 공간이 필요한 가족에게도 단독주택은 현실적인 대안이다. 내 집 짓기가 단순
한 백일몽으로 끝나지 않으려면 어떤 과정을 거쳐야 할까? 집 짓기의 개략적인 과
정을 함께 파악해보자.

아파트 탈출을 꿈꾼다면?

삶의 터전을 꼭 아파트로 한정 지을 필요는 없다. 입지를 잘 선정하여 지은 단독주택은 경제적 가치 측면이나 편리성 측면에서 아파트와 우열을 가리기 어렵다. 획일화된 공간을 벗어나면 삶의 질도 확연히 달라진다.

아파트가 보급되기 시작한 1960년대에는 아파트에 사는 것이 무척 생소한 주거 형태였다. 그러나 현재, 아파트는 매우 보편적인 주거 형태로 자리매김하였다. 2019년 기준 일반 가구 2,034만 가구 중 절반이 넘는 1,041만 가구가 아파트에 살고 있을 정도로 아파트가 선호되는 이유는 아파트만의 편리함과 공간 효율성, 가치 상승이 큰 장점이기 때문이다. 게다가 요즘 짓는 아파트는 입주자의 편의 공간과 커뮤니티 시설이 강화되어 쾌적한 삶을 누리기에 최적의 선택으로 보인다.

그러나 아파트는 엄연한 공동주택이다. 효율성을 강조한 공동주택은 함께 사는 공간이기 때문에 그 공간에 같이 사는 사람들의 공동체 의식에 따라서 다양한 문제가 발생할 가능성이 있다. 뉴스에 심심치 않게 나오는 무개념 입주자들로 인한 다양한 분쟁, 예를 들어 주차 문제, 층간소음 문제, 각종 갑질, 입주자 대표의 비리 등으로 인한 스트레스는 겪어보지 않고서는 그 심각성을 모른다.

이러한 문제로 인해 요즘 들어 많은 가정이 단독주택을 꿈꾼다. 잘 지은 단독주택은 아파트와 비교할 수 없게 삶의 질을 높인다. 과거의 단독주택은 시공 하자가 많은 목조주택으로 춥고 불편하다는 인식이 지배적이었다. 그러나 근래 지은 단독주택은 주택 관련 법규가 강화되어 단열 수준이 선진국보다 높으면 높았지 낮지 않다. 내진 설계도 강화되어 구조적으로 튼튼한 집을 짓고 있다. 다양한 평면 설계로 가족의 특성에 맞춘 주택이 많아져 인근 택지지구를 돌아보면 저마다의 개성을 뽐내는 집이 즐비하고, 잘 발달한 도로 교통망 덕분에 원거리에 있는 전원주택에서도 도심으로 빠르게 진입할 수 있어서 출퇴근하는 직장인도 전원주택 생활이 가능해졌다.

이러한 변화를 증명하듯 최근에는 단독주택에 관한 이야기를 다루는 TV 프로그램이 많아졌다. 2021년 종영한 JTBC의 〈서울엔 우리집이 없다〉란 프로그램에서는 다양한 이유로 도심을 벗어나 서울의 직장으로 출퇴근이 가능한 거리에 나만의 집을 짓고 사는 사람들의 이야기를 다루었다. 저마다의 라이프스타일을 반영한 집에서 삶을 즐기며 살아가는 사람들의 모습은 선망의 대상이 되었다. 나 역시 이 프로그램이 방영되는 기간이 주택 설계를 하고 있던 때여서 무척 관심 있게 보았다.

방송을 보는 내내 든 생각은 '이런 주거 형태가 기본적인 삶의 형태여야 하는 것이 아닐까?'였다. 각자의 생각과 관심사가 다른 사람들이 박스를 겹쳐 놓은 공간에서 살아가야 하는 아파트가 너무나 비정상적인 주거 공간으로 여겨졌다. 이런 획일적인 공간에서 사는 아이들이 창의적인 생각을 자유롭게 키울 수 있을까?

대다수가 단독주택에 살던 어린 시절, 친구 집에 놀러 가 다양한 숨은 공간을 찾아내고 그 공간에서 즐겁게 놀았던 기억이 떠올랐다. 삐거덕거리는 다락에 기어 올라가 소꿉놀이하던 기억, 컴컴한 지하실에서 숨바꼭질하던 기억, 나중에 내가 살 집은 이렇게 만들겠다고 꿈꾸던 그 기억을 지금 내 아이들에게도 물려주고 싶어졌다. 틀에 박힌 공간이 아니라 상상력을 꽃피울 수 있는 공간, 그것이 바로 단독주택에서 자라는 아이들에게 줄 수 있는 가장 큰 선물일 것이다.

EBS의 〈건축탐구 집〉 역시 다양한 형태의 집에 대한 관심이 많은 이들에게 유익한 프로그램이다. 건축사들이 전국의 집을 탐방하면서 집주인의 삶을 소개하고 집에 대한 철학과 공간에 대한 의미 등 잘 지은 주택을 소개하는 구성이다. 이 책에 소개한 단독주택 '내맘이당' 역시 얼마 전 〈건축탐구 집〉에 소개되어 많은 이의 부러움을 받았다.

이처럼 여러 경로를 통해 각양각색의 주택 이야기를 접하다 보면 내가 살 집에 대한 그림이 자연스럽게 그려지고 그 집에서 행복하게 사는 우리 가족의 모습을 떠올리게 된다.

집이란 우리 생활과 아주 밀접하고 큰 연관성이 있으니 나와 맞는 집을 꿈꾸는 게 당연하다. 그러나 아파트에 사는 대다수 가정은 층간소음에 대한 걱정에 시달리며 일상생활에 제약을 받는다. 자칫 우리 가족이 가해자가 될까 봐 아이들은 가장 편한 쉼터여야 하는 집에서도 활발하게 움직이지 못하고, 앉아서 책을 보거나 핸드폰으로 게임만 한다. 여러 가지 제약 때문에 내 집 현관문 앞 작은 공용 공간도 사용할 수 없고, 간단한 작물을 키우고 싶어도 볕과 바람이 잘 들지 않아 웃자라기 쉬운 베란다 텃밭으로 만족해야 한다.

과연 우리의 삶을 이렇게 한정지어야 할까? 아파트 공화국 대한민국에 사는 가장은 누구나 한 번쯤 단독주택에 관한 꿈을 꾼다. COVID19로 인해 거리 두기가 강화되고 이른바 집콕이 길어지면서 발생한 불편함은 많은 이들이 주거 공간에 관한 생각을 달리하는 계기가 되었다. 그러나 집 짓기를 고민하며 정보를 알아보다 지레 지쳐 포기하고 마는 것이 현실이다. 인터넷과 각종 서적, 전시회 등을 통해 엄청나게 많은 정보를 접할 수 있지만, 아직 한 번도 집을 지어보지 않은 사람에게는 이러한 정보가 뜬구름처럼 느껴진다. 옥석을 가려 내게 쓸 만한 정보를 뽑아내기 어렵기 때문이다. 집을 짓기 위해서 무엇을 먼저 해야 하는지, 어떤 순서로 계획을 세워야 하는지, 계획은 어떻게 나눠서 세워야 하는지, 가족들이 단독주택을 원하는지, 원하지 않는다면 어떻게 설득해야 하는지 등 이런저런 고민을 하다가 결국 결론은 '이건 내가 할 게 아니네.'로 나고 만다. 그러나 이런 과정은 넘어야 할 산일 뿐이다. 그 단계를 넘어 토지를 알아보고 설계를 진행하다 보면 어떻게든 내가 원하는 집을 만나는 순간이 온다.

같은 초보 건축주로서, 건축주의 필요를 가장 잘 이해하여 담은 이 책으로 획일화된 공간이 아닌 내 삶의 모양을 닮은 집 짓기를 함께 시작해보자.

1. 단독주택만의 매력

다양한 공간 구성이 가능하다

일반적인 아파트는 한 층에 방과 거실, 주방, 욕실 등을 배치한 사각형 평면 구성이다. 이에 비해 단독주택은 두 개 또는 세 개 층을 입체적으로 구성하는 경우가 많다. 또한, 최근에는 스킵플로어 구조라고 해서 반층식 공간을 쪼개서 올리는 구조도 많이 하고 있다. 거실을 1.5층 또는 2층으로 구성하여 탁 트인 개방감을 표현할 수도 있고 경사진 모양의 박공지붕을 잘 살려서 아름다운 천장의 라인이 돋보이게 할 수도 있다.

외부와 내부를 연결해주는 중정을 만들어 실내에서 실외를 느낄 수 있게 하는 구조도 최근 많이 하는 추세다. 집 안으로 들어오는 아름다운 햇살 아래 색다른 구조물을 설치하여 프라이빗한 내 집만의 특색을 갖출 수 있다.

직접 짓는 단독주택의 매력은 바로 이러한 공간 구성의 묘미에서 나온다. 건축주의 취향과 가족의 생활양식에 따라 다양한 공간을 직접 구성함으로써 아이의 상상력과 창의력을 자극할 수도 있고 집 안에서 오래 머무르는 사람이 답답하지 않고 충분한 개방감을 느낄 수 있게 구성할 수도 있다.

단독주택은 원하는 대로 다양한 주거 공간의 구성이 가능한 만큼 설계의 가장 중요한 첫 단계는 공간에 대한 즐거운 상상이다.

달리는 집 / photo by 이한울

재효가 / photo by 윤동규

마당이 있는 삶

단독주택의 최대 장점은 마당을 통해 나만의 정원을 꾸미는 것이 가능하다는 것이다. 이는 노년의 은퇴한 부부에게도 좋지만 한창 자라나는 아이가 있는 젊은 가족에게도 더할 나위 없이 좋다.

마당이 있는 삶이란 내 집의 실내와 실외가 하나로 연결되는 삶이다. 그곳에 꾸미는 정원은 자라나는 아이에게 좋은 놀이터이자 생태학습장이 된다. 한쪽에 조그마하게 텃밭을 가꾸는 것도 좋다. 노지에서 싱싱하게 자라난 쌈채소를 따서 숯불로 구운 고기와 같이 먹는 맛은 비싼 고깃집의 식사와 비교가 어렵다. 또한 반려동물이 있는 집이라면 마음껏 산책할 수 있는 마당이 있는 집은 꿈과도 같다.

물놀이를 즐기는 어린아이가 있는 집에서는 마당이나 포치, 테라스 등의 야외 공간에서 간이 수영장을 설치할 수 있는 것도 큰 장점이다. 일반적인 야외수영장은 청소나 물 관리가 어렵다. 특히 4계절이 뚜렷한 우리나라에서는 관리가 더욱 힘들다. 반면 최근 나오는 간이 수영장은 수질 관리기가 붙어있어서 물을 한번 채우면 한 계절 깨끗하게 사용할 수 있고 사용 후 보관하기도 쉽다.

마당은 꼭 넓지 않아도 된다. 물론 마당이 넓으면 할 수 있는 것이 많고 다채롭게 꾸밀 수 있지만 넓은 만큼 손이 많이 간다. 작은 마당이더라도 화단과 텃밭을 아기자기하게 꾸미며 효율적으로 사용하면 삶을 풍요롭게 해주는 공간이 된다. 최근에는 기능이 좋은 가든 관리 용품이 무수히 많으니 조금만 관심을 기울이면 큰 힘을 들이지 않고도 마당을 가꿀 수 있다. 꼭 마당 전체에 잔디를 깔 필요도 없다. 잡석을 깔거나 데크를 두면 관리가 용이해진다.

창의력이 자라는 키즈룸

단독주택이기에 가능한 공간 설계는 키즈룸에서 더욱 빛을 발한다. 자라나는 아이의 창의력을 키우는데 높은 천장은 큰 역할을 한다. 그래서 최근에 짓는 단독주택은 지붕 단열을 최고 등급으로 하여 각이 있는 박공지붕으로 설계하고 그 밑에 다락을 두지 않고 그대로 노출하여 높은 박공천장으로 만드는 경우가 많다.

아이 방 천장을 박공천장으로 하고 평범한 기성 가구를 두는 대신 인테리어 목공으로 입체적인 방 구조를 만들어주면 더 좋다. 층고가 높으니 내부 다락과 같은 공간을 만들 수도 있고 아이들이 좋아하는 그물망 다락이나 실내 클라이밍 공간을 만들 수도 있다. 이러한 입체적인 공간은 당연히 아이의 창의력과 상상력을 더 크게 키워준다. 연구 결과에 따르면 천장이 30cm 높아지면 창의적 문제 해결 능력이 2배 높아진다고 한다.

이러한 공간에서 자유롭게 뛰어노는 아이들은 얼마나 행복할까? 아파트라면 층

간소음 민원으로 이어질 만한 놀이도 단독주택에서는 문제가 되지 않는다. 그리고 이렇게 목구조로 만든 공간은 아이들이 크면 손쉽게 철거하여 원하는 대로 구조를 바꿀 수 있다는 장점도 가지고 있다.

나만의 취미 공간, 멀티룸

어른들에게도 집에 나만의 취미 공간이 있었으면 하는 간절한 로망이 있다. 방의 개수가 정해져 있는 아파트의 경우, 베란다나 작은 방을 멀티룸으로 꾸미기도 하지만 층간소음, 측간소음 등으로 활용이 쉽지 않다. 게다가 아이가 여럿이라면 아이들에게 줄 방도 모자란 판에 나만의 공간을 만들기란 불가능에 가깝다.

그러나 공간을 원하는 대로 설계할 수 있는 단독주택에서는 로망을 이룰 수 있다. 거실에 가벽을 세우고 그 뒤에 비밀 공간을 만들어 그곳에서 만화책을 실컷 봐도 좋고, 영화 감상실을 따로 만들 수도 있다.

정적인 취미가 있는 사람은 건축비 측면에서 유리한 다락을 활용하는 것이 좋다. 생각보다 꽤 넓은 공간을 확보할 수 있어서 세컨룸으로 활용하기 그만이다. 목공, 음악, 운동 등 소음이 많이 나는 취미를 가진 사람은 층간소음에서 자유로운 지하를 활용하여 스트레스 없는 나만의 공간을 만들 수 있다. 최근에는 대지의 단차를 이용하여 벙커 주차장을 지하 공간으로 만드는 집이 많은데 지하 공간의 일부에 멀티룸을 같이 만들어 활용할 수도 있다. 이러한 지하나 다락 공간은 용적률에서 제외되는 장점이 있다.

COVID19로 인해 재택근무가 활성화되면서 집에서도 방해받지 않고 업무에 집중할 수 있는 공간을 원하는 사람이 늘어나고 있다. 그래서 아예 처음부터 취미 공간이나 업무용 공간을 우선에 두고 집을 설계하기도 한다. 이러한 나만의 공간은 집에 머무르는 시간을 더욱 행복하게 만드는 비법이다.

아지트로 활용할 수 있는 테라스와 포치

단독주택의 묘미 중 하나는 테라스를 가질 수 있다는 것이다. 최근에는 아파트에도 작은 테라스를 만들어놓은 곳이 있는데 대부분 저층 입주민에게 인센티브 차원으로 제공하는 공간이다. 단독주택의 테라스와는 다르지만 그래도 이 테라스가 있는 호실이 인기가 많은 것은 테라스에 대한 만족도가 높기 때문이다.

테라스는 마당과는 다르게 나만의 아지트 공간이자 간단하게 야외에서 힐링할 수 있는 공간이 된다. 작은 정원이나 텃밭을 꾸미기에도 좋고, 야외테이블을 두고 가족이나 지인과 한가로운 시간을 보내기에도 그만이다. 테라스가 지붕이 없어 비가 오거나 눈이 올 때 불편하다면 접이식 어닝을 설치하면 된다.

뜨거운 햇볕과 갑자기 내리는 비를 막아줄 지붕이 있는 포치는 탁 트인 느낌을 주면서도 안락하다. 폴딩도어를 설치해 활용하면 따뜻한 계절에는 야외 공간으로, 추운 계절에는 온실 같은 공간으로 활용할 수 있다.

군이 1층이 아니어도 좋다. 2층에 만든 테라스나 포치는 훌륭한 조망까지 갖출 수 있어 주택에서만 즐길 수 있는 좋은 공간이 된다. 하지만 이 공간은 용적률에 포함되기 때문에 공간 설계를 잘해야 한다.

원하는 대로 꾸밀 수 있는 다이닝공간

아파트는 대부분 생활공간의 중심을 거실로 두고 거실과 주방을 연결하여 넓어 보이는 효과를 준다. 그러다 보니 다른 구조로 변경하기가 어렵다. 가족마다 삶의 형태가 다른데 무조건 집의 중심에 한쪽에는 식탁을 두고 한쪽에는 소파를, 맞은편에는 TV를 두는 생활공간을 표준화해 버린 것이다.

하루 중 가족 모두가 함께하는 시간이 식사시간임을 감안한다면 다이닝룸의 설계야말로 가족의 취향에 따라 차별화해야 하는 공간이다. 다이닝룸에 마당과 이어지는 문을 달아 마당으로 오가는 동선을 편하게 할 수도 있고, 요리하는 공간과 식사하는 공간을 분리할 수도, TV를 보는 공간과 식탁이 놓인 공간을 분리할 수도 있다. 요리를 좋아하는 주부의 경우 조리 시설을 보완하고 활동 범위를 넓히는 보조 주방을 만들 수도 있고, 요리에 큰 비중을 두지 않는다면 군이 주방을 크게 둘 필요도 없다.

다이닝공간은 내 가족의 일상적인 삶을 정의할 수 있는 공간이다. 천편일률적인 공간 설계에서 벗어나 이곳을 어떻게 설계하느냐에 따라 가족과 함께하는 시간의 중심을 얼마든지 다르게 둘 수 있다.

벽난로

장작이 타들어가며 내는 불꽃과 뜨거운 온기가 주는 감성은 경험해본 사람만이 아는 즐거움이다. 최근 지어지는 단독주택은 단열이 잘 되어 기본 난방만으로도 아주 따뜻하게 지낼 수 있어서 굳이 보조 난방 수단으로 벽난로를 설치하지는 않는다. 반면 불멍을 즐기기 위해 고가의 벽난로를 설치하는 주택이 늘어나고 있다. 건축 전시회에 가보면 벽난로 업체가 한두 부스를 차지하고 있는 이유이기도 하다.

최신 벽난로는 뛰어난 기밀성과 연통의 단열로 거의 완전 연소가 되기 때문에 연기에 대해 크게 우려하지 않아도 된다. 특히 유럽산 수입 벽난로의 경우 도심 단독주택에서 사용해도 될 정도의 완전 연소율을 자랑한다.

노천탕과 개인 사우나

외부 공기를 마시면서 즐기는 노천탕은 남녀노소 누구에게나 로망일 것이다. 아파트의 경우 일부 펜트하우스를 제외하면 불가능한 공간이지만 단독주택의 경우 프라이빗한 노천탕을 쉽게 설계할 수 있어 내 집에서 사계절을 느끼며 목욕을 할 수 있다. 눈이 내리는 공간에서 뜨거운 노천욕을 즐기면서 따뜻한 차 한 잔을 마시는 것은 상상만 해도 멋진 일이다.

평소 사우나를 즐긴다면 1평 정도의 크기로 쉽게 설치할 수 있는 소형 개인 사우나 찜질방 시설을 집 안에 들이는 것도 좋다. 손재주가 있는 사람이라면 설치가 쉬운 전기보일러로 직접 만들 수도 있다.

실내와 실외를 모두 가지고 있는 단독주택에서는 다양한 삶의 이야기를 만들 수 있다. 이러한 단독주택에서의 삶을 상상해보면 왜 많은 사람이 관리가 다소 어렵더라도 단독주택에서 살고 싶어 하는지 이해가 된다. 단언컨대 단독주택에서 누릴 수 있는 삶의 만족도는 아파트 생활과는 비교가 어렵다.

2. 건축비 부담을 더는 다가구주택
임대수익으로 건축비를 충당한다

단독주택은 그냥 지어진 아파트 한 채를 사는 것에 비해 신경 써야 할 것이 많다. 토지를 사고, 설계를 하고, 시공하는 전 공정이 오롯이 내 책임이기에 부담이 심하고, 자재비 상승, 인건비 상승 등의 비용 부담 역시 직접적으로 다가온다.

잘 지은 단독주택은 내 가족에게 최적화된 맞춤형 집이다. 그러나 현실적으로 건축비에 부담을 느낀다면 임대를 고려하여 다가구주택으로 설계하는 것도 방법이다. 아파트 한 채를 사는 가격으로 마당 있는 내 집을 장만할 수 있고, 거기에 더해 임대를 통한 장기적인 수입을 얻을 수 있기 때문이다.

내 경우 어머님을 모시고 살고 네 아이에게 각자의 방을 주는 것이 큰 목표였기에 집의 건축면적이 커질 수밖에 없었고, 그래서 건축비가 일반적인 단독주택에 비해 많이 들 수밖에 없었다. 그래서 애초에 선택한 것이 다가구주택이다. 임대를 통해 건축비의 상당 부분을 충당할 수 있기 때문이다.

그러나 과거의 다가구주택처럼 단순히 주택에 임대세대를 끼워 넣는 방식으로는 주인세대도, 임대세대도 단독주택의 로망을 실현할 수 없다. 좋은 다가구주택을 짓는 관건은 공간 설계이다. 각 세대의 사생활을 보장하고 건축물의 가치도 높일 수 있는 하나의 멋진 건물로 만들 수 있는 설계가 필요하다.

단독주택과 공동주택

단독주택과 공동주택은 소유권의 형태에 따라 구분한다. 즉 소유권이 한 개면 단독주택, 세대별 구분 소유권으로 여러 개의 소유권이 있으면 공동주택이다.

단독주택의 구분

- 단독주택−1세대가 사는 주택. 층수와 면적의 제한이 없다.

- 다중주택−학생 또는 여러 사람이 공동으로 사용하는 주택. 방마다 욕실 설치는가능하지만 취사 시설은 공동 취사 시설만 가능하다.

- 다가구주택−여러 사람이 공동으로 사용하는 주택. 연면적 660㎡ 이하로 개별 욕실 설치 및 취사 시설 설치가 가능하다. 단 대지 내 동별 세대수의 합이 19세대 이하여야 한다.

공동주택의 구분

- 다세대주택−연면적 660㎡ 이하로 4개 층 이하인 주택.

- 연립주택−바닥 면적 합계가 660㎡를 초과하고 4개 층 이하인 1개동 주택.

- 아파트−연면적 660㎡를 초과하고 5개 층 이상인 건축물.

// 지하층은 주택의 층수에서 제외하며, 1층 전부를 필로티 구조의 주차장으로 사용할 경우 해당 부분은 층수에서 제외한다.

2020년, 전 세계적으로 심각한 이동제한을 초래한 COVID19는 부동산 시장에도 큰 변화를 불러왔다. 가장 눈에 띄는 변화는 집에 머무는 시간이 많아지고 재택근무가 늘어남에 따라 주거 선호도가 차츰 소형에서 대형 주택으로 옮겨진 것이다.

COVID19 이전에는 큰 평형의 아파트에 비해 소형 아파트가 강세를 보이며 평당 가격이 높아지는 추세였다. 가족 구성원의 수가 줄어들고 맞벌이 가족이 늘어나면서 집은 여러 가족이 함께 머무는 생활공간의 의미보다 잠을 자고 쉬는 용도로의 의미가 커졌기 때문이다. 이러한 가족 형태와 삶의 형태를 반영하여 최근 몇 년간 새로 지어지는 아파트는 84㎡ 이하가 대부분을 차지했다.

그러나 COVID19로 인해 온 가족이 집에 머무는 시간이 늘어나면서 방의 개수가 많고 거실이 넓은 대형 아파트의 가치가 올랐다. 일례로 지금껏 분양가보다도 낮은 가격에 거래되던 용인 수지의 45평 이상 구축 대형 아파트들이 최근 2년 사이에 가격이 큰 폭으로 상승하여 호가를 갱신했으며, 현재도 큰 평수 아파트의 평당 가격이 소형 평수와 같거나 높아지는 현상이 발생하고 있다.

그러나 대형 평수의 아파트일지라도 궁극적으로 공동주택이 가지고 있는 단점에서 벗어날 수는 없다. 그 결과로 가족 구성원이 많거나 어린 자녀를 둔 가정을 중심으로 단독주택에 관한 관심이 매우 커졌다. 그간 매물만 나왔지 거래가 이루어지지 않던 용인이나 광주의 전원주택 택지 대부분이 2020년 중반에 들어 매매가 활발히 이루어진 상황은 이러한 관심을 반영한 것이다.

신도시에 조성된 전용 주거지역 택지의 경우 인기가 더욱 높아져서 몇 년 전까지만 해도 3억 원 중반에 거래되던 김포, 동탄, 청라 등의 택지 거래 가격은 현재 2배 이상 오른 7억~8억을 호가한다.

　이러한 주거용 택지가 앞으로 얼마나 오를지는 예측할 수 없다. 설사 COVID19가 종식된다 하더라도 재택근무로 업무 패턴이 바뀐 직종이 적지 않고, 집의 가치에 대한 인식이 바뀌었기 때문이다. 또한 빠르게 오른 아파트 값이 하락하더라도 토지는 완만한 상승세를 보이기 때문에 아파트 고점에서는 토지 투자를 권장한다. 토지 지분이 많은 단독주택은 그런 면에서 경제적 가치가 충분하다.

　이제 단독주택은 한 번쯤 생각해보고 마는 것이 아니라 매매를 적극적으로 고려하는 주거 형태가 되었다. 앞서 얘기한 대로 최근 수도권 신도시 택지의 경우 토지 가격이 계속 오르고 있다. 따라서 대출만으로 한 가구를 위한 단독주택을 건축하기엔 자금이 부족한 경우가 많다. 그럴 때 생각을 달리하면 다가구주택이 답이 될 수 있다. 다만 건축비가 늘어나는 만큼 대출 규모와 이자 부담이 커지니 마음에 드는 토지가 있더라도 덥석 사지 말고 먼저 자금 조달 계획을 세워야 한다. 또한 내가 짓고자 하는 다가구주택에 들어올 만한 세입자의 수요가 얼마나 있는지, 주변 입지를 냉철하게 잘 분석해야 한다.

다가구주택은 공간 구성이 중요하다

　한정된 예산 안에서 내 집을 마련하는 방법으로 주목받았던 것이 땅콩주택이다. 예전의 다가구주택이 집을 지어 층별로 나누어 임대하는 형태였다면 두 주택을 붙여 지은 땅콩주택은 공간을 측벽으로 구분하여 층간소음에서 자유롭고 토지비용이나 건축비용이 절감된다는 장점이 있다. 그러나 땅콩주택은 태생적으로 몇 가지 문제를 가지고 있는데, 가장 큰 문제는 같은 구조의 두 주택을 붙여서 설계하기 때문에 두 공간이 모두 협소해진다는 것이다. 큰 자본을 들여서 지은 집이지만 바닥 면적이 좁아 건물주의 취향을 반영한 다양한 공간을 만들기 힘들다. 무엇보다 땅콩주택은 소유권이 두 개로 분리된 주택이기 때문에 세금(보유세) 측면에서 불리하고 두 세대주 사이에 갈등이 생길 경우 집을 매매하기 쉽지 않다.

그런 면에서 두 세대 이상이 함께 쓰는 주택을 지으려 한다면 땅콩주택보다는 다가구주택을, 층별로 나누기보다는 측벽으로 나누는 형태를 권한다. 이왕이면 단독주택 짓기를 계획할 때 어느 정도 여유 자본을 확보하고, 설계 시 임대세대의 독립성을 최대한 고려한 똘똘한 한 채로 지어 임대와 건축주, 두 세대 모두 독립된 단독주택 라이프를 누릴 수 있게 짓는 것이다. 임대세대가 충분히 살고 싶을 만한 공간으로 구성해야 공실 없이 임대를 채울 수 있고, 이후 건물 가치가 상승할 여력이 있으며, 세금(보유세) 측면에서도 유리하다.

다가구주택을 설계할 때 가장 우선적으로 해야 하는 것은 그 토지가 위치한 행정구역의 지구단위 계획이다. 지구단위 계획을 확인하여 몇 세대까지 가능한지 확인한 후에 땅의 모양을 면밀하게 살피고 세입자의 가족 구성을 고려하여 공간을 기획해야 한다. 주택의 전체적인 외관은 분리된 느낌이 없게 전체적으로 큰 단독주택의 형태로 짓는 것이 좋다. 그래야 추후 건축주가 임대세대 공간까지 사용하게 될 때

하나의 집처럼 사용할 수 있고, 미관상으로도 큰 저택의 느낌이 나기 때문에 건축물의 가치가 높아진다. 지구단위 계획에 따른 용적률로 인하여 활용할 수 있는 면적이 좁은 경우에는 용적률에 들어가지 않는 다락, 베란다, 지하와 같은 공간을 활용하여 실사용 공간을 최대한 늘리는 것이 좋다.

공간 구성을 할 때 우선적으로 고려해야 할 것은 주차공간이다. 한 가구에 여러 대의 차량을 가지고 있는 최근 라이프스타일을 반영한 주차장 설계는 단독주택의 미래 가치를 높일 수 있는 최고의 장점이다. 실제로 단독주택 거주를 원하는 세입자가 제일 먼저 하는 질문 중 하나가 단독으로 할당된 주차 대수이기도 하다.

주차장은 집을 다 짓고 난 후에는 따로 만들기 어려울 뿐 아니라 만약 추가 공사로 주차장을 늘린다면 어마어마한 공사비가 드니 처음 설계할 때부터 최대한의 주차공간을 확보해야 한다. 용적률에서 빠지는 필로티 주차장은 눈, 비가 올 때 편리하며, 만약 토지가 경사지라면 한쪽 면이 도로로 오픈된 벙커 주차장을 만들어 주차장 활용도를 높일 수도 있다.

건축사사무소 재귀당에서 설계한 단독주택 내맘이당은 주거용 공간과 취미생활용 공간을
분리하고 가운데 마당을 두어 여름에는 수영장으로, 봄가을에는 야외 바베큐장으로 활용한다.

JNPeople건축사사무소에서 설계한 단독주택 재호가. 세 세대가 함께 살 수 있는 집으로 아버지와 아들 부부, 손자 모두 각자의 생활이 가능하도록 설계하였다.

건축사사무소 유타에서 설계한 다가구주택 소솔재. 도로에서 보았을 때는 단단한 한 채의 주택으로 보이지만 왼쪽 출입구로 돌아들어가면 마당이 보인다. 1, 2층 각각 두 세대씩 총 네 세대가 거주하는 다가구주택이다.

건축사사무소 재귀당에서 설계한 단독주택 달리는 집. 작은 주말주택으로 기획을 시작했으나 점점 규모가 커지면서 중정이 있는 ㅁ자 형태의 단독주택으로 지었다.

3. 집 짓기 10단계
한번에 파악하는 집 짓기 공정

　아파트를 탈출해서 나만의 단독주택을 짓겠다고 야심차게 결심했어도 실행에 옮기려는 순간부터 머릿속이 복잡해지고 막막해진다. 제일 먼저 자금에 대한 계획부터 시작해서 어떤 형태의 집을 지을지, 어디에 지을지, 어떻게 지을지, 집을 짓기 위해서는 어떤 걸 더 고려해야 하는지 여러 가지 고민이 끝없이 이어지다 보면 막연히 집 짓기가 두려워진다.

　어떤 사람은 집을 짓고 10년을 늙었다고 하고, 어떤 사람은 생애 최고의 선택이 집을 짓겠다고 결심한 거라고 한다. 왜 이렇게 다를까? 그것은 집을 짓는 과정에 대한 이해도가 다르기 때문이다. 막연히 '어떻게 잘 되겠지.' 하고 무작정 시작하는 것도 문제지만 무조건 '이 집처럼 지어야지.' 하고 내 취향 없이 잡지에 소개된 집을 기준으로 삼는 것도 경계해야 한다. 남에게 어울리는 멋진 집이 내게 맞는 집은 아니기 때문이다. 내 인생 최고의 선택이 집 짓기가 되려면 많은 공부도 필요하지만 그 이전에 내가 살기 원하는 집이 어떤 집인지 충분히 고민하고 중심을 잡아야 한다.

　여기에서는 집 짓기의 큰 단계를 알아보도록 하자. 실제 각 단계별로 알아야 하는 사항이 많지만, 대략의 흐름을 인지하고 있으면 내가 무엇을 더 고민해야 하는지 파악하기가 훨씬 수월해진다.

집 짓는 단계

1단계 전체 기획	⋯ p.56
2단계 토지 물색 및 일정 수립	⋯ p.80
3단계 부동산 매매	
4단계 건축사 선정	⋯ p.122
5단계 설계 진행	⋯ p.126
6단계 건축 허가	
7단계 시공사 선정	⋯ p.184
8단계 착공 및 시공	⋯ p.200
9단계 사용승인(준공)	
10단계 건물 등기	

// 각각의 단계는 꼭 순서대로 진행되지 않기도 한다. 또한 1~3단계가 동시에 진행될 수도 있고, 땅을 매입하기 전에 건축사를 선정할 수도 있다.

// 땅을 매입하기 전에 임장(현장 답사)은 필수이다. 원하는 지역의 부동산에 연락해서 취지에 맞는 집 중에 볼 수 있는 물건이 있는지 확인하고 가보는 것도 좋다.

1단계 : 전체 기획 ···▶ Part 2. 주택 신축 예산 짜기(p.56)

어떤 형태의 집을 지을 것인지 밑그림을 그리는 단계이다. 한 가구만 살 단독주택을 지을지, 다가구 형태(듀플렉스 하우스, 땅콩주택 등)로 지어서 지인과 같이 살거나 임대(전세, 월세)를 놓을지 결정하는 것이다. 전자의 경우 초기 건축비 등은 줄일수 있지만 집을 통한 경제적 수익 창출 면에서는 불리하다.

대략적인 집의 형태가 결정되면 그다음은 주택의 크기를 결정해야 한다. 아파트의 경우, 서비스 면적이 크고 이 면적을 확장하여 실내로 사용하기 때문에 실제 같은 평수라도 단독주택이 아파트보다 작게 느껴지는 것을 고려해야 한다. 주택의 경우 발코니나 다락을 확장 면적으로 사용할 수 있는데, 어차피 이 면적을 포함하여 건축비가 발생하므로 실제 사용 면적으로 잡는다면 1명당 10평이 적당하다. 여기에 취미나 특별히 활용할 공간들(다락, 포치, 테라스 등)을 고려해서 10~20평을 추가하면 쾌적하게 살 수 있는 주택의 규모가 나온다. 이보다 더 넓게 되면 통상적인 크기보다 넓은 대저택이 되므로 일반적인 크기는 아니다.

실제 대부분의 단독 택지들이 80~100평대가 많은 것도 이러한 이유에서다. 건폐율을 50%로 산정하면 1층 면적 35평, 2층 면적 25평을 합쳐 60평으로 설계하고 거기에 마당과 주차장을 넣는 경우가 많다. 뒤에서 설명하겠지만 허가면적 60평(200㎡) 이내로 지으면 종합건설이 아닌 직영으로 건축할 수 있어 건축비가 절감된다.

그다음은 전체 예산 규모를 정해야 한다. 집을 짓는 데 동원 가능한 예산(즉시 가용 예산, 처분 가능 예산)을 가늠한 후 그 예산만으로 집을 지을지, 아니면 대출 등의 차입금을 활용하여 좀 더 예산을 확보할지 결정해야 한다.

2단계 : 토지 물색 및 일정 수립 ···▶ Part 2. 땅 고르기(p.80)

집을 지을 토지를 물색하는 것은 가장 신중해야 하는 단계이므로 현장 답사, 즉 임장이 필수다. 여러 가지 입지 조건을 고려하여 현장을 직접 발로 뛰며 살펴봐야 한다. 토지주와의 거래에도 변수가 있을 수 있으니 가변성이 높은 토지 구매는 최소 6개월 이상 넉넉히 잡아두고 매매 계약이 빨리 이뤄지면 뒤의 일정을 당긴다. 이후 설계, 착공, 준공까지 대략 1년여에 걸쳐 진행 일정을 월 단위로 잡으면 된다.

토지 크기는 매입하려는 토지 용도를 확인하여 건폐율과 용적률을 따져보고 역으로 계산한다. 예를 들어 1, 2종 전용 주거지역 토지는 건폐율이 50%이고 용적률이 100%이므로 1, 2층을 합쳐 60평으로 건축하고자 한다면 최소 60평의 토지가 필요하다. 여기에 주차장과 마당을 고려하여 80~100평의 토지를 물색하면 된다.

3단계 : 부동산 매매(거주 부동산 매도, 토지 매입)

토지 물색과 일정 수립이 끝나면 먼저 거주 주택을 매도하고 토지를 매입한다. 토지 매입비 예산은 전체 예산을 먼저 정한 후 건축비와 기타 경비를 빼고 잡는 것이 좋다. 예를 들어 1, 2층 총 60평의 집을 고급 마감재를 사용한 중량목조로 지으려 한다면 2022년 기준으로 평당 공사비를 700만 원으로 계산하고 기타 경비로 약 10%를 추가하여 4억 6천만 원을 건축비 예산으로 잡는다. 전체 예산을 10억 원으로 잡는다면 나머지인 5억 4천만 원 안에서 토지를 매입하면 된다. 예산과 건평, 토지 크기 세 가지는 서로 상관관계가 있으므로 우선 순위를 어디에 둘 것인지 정하고 조율하도록 한다.

4단계 : 건축사 선정 ···▶ Part 2. 건축사 선정(p.122)

토지를 매입하고 나면 건축사를 선정하여 본격적인 설계에 들어가야 한다. 어떤 건축사에게 의뢰하는지에 따라 건축비가 달라지는 것은 당연하다. 그러니 적어도 네다섯 군데 이상의 건축사사무소를 찾아가 상담하는 것이 좋다. 물론 건축주의 성향에 따라 설계를 따로 맡기지 않고 설계와 시공을 함께하는 하우징 업체에 맡길 수도 있다. 그러나 하우징 업체를 통한 설계로는 내가 원하는 형태의 단독주택을 짓기가 어렵다.

많은 건축주가 건축사 선정 시 설계비를 우선으로 고려한다. 하지만 설계의 중요성은 시공을 해본 사람이라면 뼈저리게 느끼는 부분이다. 그러니 설계부터 내게 맞는 건축사를 잘 선택하여 진행하기를 권한다.

5단계 : 설계 진행 ···▶ Part 2. 설계 과정과 설계 도면(p.126)

건축사 선정이 끝나면 통상 전체 설계비의 10~20%에 해당하는 계약금을 지급하고 이후 실제 미팅을 통하여 원하는 공간에 관한 생각을 나누고 설계를 시작한다. 이때 최대한 내가 가진 집에 대한 생각을 자세히 정리하여 전달하는 것이 내가 원하는 집을 만나는 비결이다. 내가 아는 정보가 많다고 건축사의 전문적인 조언을 무시해서는 안 된다. 건축가의 의견을 받아들일 여지를 충분히 남겨두어야 전형적인 공간 구성의 틀을 깰 수 있다. 보통 1차 설계가 나오기까지 1달 정도 걸리고 이 도면을 바탕으로 수정하면서 설계를 진행한다. 설계 기간은 꼼꼼히 세부 설계를 할 수도록 약 4개월에서 6개월 정도 예상하고 진행하면 된다.

6단계 : 건축 허가

설계가 끝나면 건축사사무소에서 허가도면을 가지고 건축 허가를 진행한다. 이 과정에서 건축주가 크게 신경 쓸 일은 없으며 통상적으로 7일이 소요된다. 건축 허가가 완료되면 건축주는 해당 관청에 가서 등록면허세와 국민주택채권액을 확인하고 납부하면 된다. 공과금 납부영수증을 제출하면 건축허가서를 받는데 이로써 주택을 신축할 최소 조건이 충족된다.

아무리 위치나 가격이 좋아도 맹지를 덥석 사면 안 되는 이유가 이 건축 허가가 나오지 않기 때문이다. 맹지는 반드시 접한 도로 토지의 주인(개인, 국가)과 협의를 통해 도로사용승낙서를 받거나 도로를 연결해야만 건축 허가를 받을 수 있는데, 이 과정이 생각보다 매우 어려워서 집 짓기를 포기하는 경우가 많다.

7단계 : 시공사 선정 ···▶ Part 3. 시공사 선정하기(p.184)

시공사 선정은 건축사 선정 이후 가장 중요하고 어려운 단계이다. 여러 시공사의 시공 이력을 조사하고 그중 마음에 드는 몇 개의 시공사를 골라 건축사사무소에서 받은 허가도면(CAD 파일)을 제출하고 견적을 요청한다. 견적서를 받으면 비교 평가가 필수다. 처음 보는 낯선 내용이고 업체마다 견적서 양식이 달라서 한눈에 비교하기는 어렵지만 반드시 꼼꼼히 항목별로 분석하여 검토해야 한다.

참고로 전용면적이 200㎡ 이상인 경우와 다가구주택의 경우는 모두 종합건설면허가 있는 종합건설회사에서 시공해야 한다.

8단계 : 착공 및 시공 ···▸ Part 3. 주택 시공 공정(p.200)

착공 전에 감리를 선정하고 계약을 진행해야 한다. 감리는 허가 관청에서 지정해주는 감리와 계약을 해야 하는데 전용면적 200㎡ 이상은 지정감리를 선임해야 한다. 이후 경계 측량을 하고 지반검사를 한 후 허가 관청에 착공 허가를 신청한다. 착공은 착공 허가가 나온 다음에 시작해야 하며 이를 어길 시에는 과태료가 부과된다.

시공은 기초부터 골조, 외장, 창호, 설비, 내장, 부대 공사(조경 등) 순으로 진행된다. 시공 기간은 일반적으로 목조는 4개월, 철근콘크리트조는 6개월 정도 걸린다. 목조는 건식 시공법으로 날씨에 큰 영향을 받지 않아 비가 오지 않으면 언제든 시공이 가능하지만 철근콘크리트조는 습식 시공이어서 영하의 날씨에 콘크리트 타설을 하게 되면 크랙이 발생하거나 양생 시간이 오래 걸릴 수 있다. 따라서 기온이 영상으로 올라오는 3월이나 장마 이후인 8~9월에 주로 착공한다.

9단계 : 사용승인(준공)

시공이 완료되면 해당 관청(허가 관청)에 사용승인 신청을 한다. 이때 건축 허가 도면과 조금씩 다르게 시공한 부분을 수정 반영한 '준공도면'을 최종 도면으로 제출한다. 뒤에 건축사 선정 시에 언급하겠지만 이 준공도면을 건축사, 시공사, 감리 어느 쪽에서 진행할지에 대해서 명확히 하고 계약해야 한다. 단독주택의 경우, 건축사사무소에서 준공도면을 포함하여 진행하는 것이 일반적이다. 이후 건축행정시스템 세움터에 사용승인과 관련 자료를 올리면 허가 관청에서 '특검'이라고 해서 해당 지역 건축사 중 한 명을 지정하여 준공검사를 진행한다. 이 검사를 통과해야 비로소 사용승인(준공)이 완료된다.

과거에는 특검이 형식적인 검사에 그쳤지만, 요새는 상당히 엄격하게 검사를 진행하고 있다. 규정에 맞지 않게 시공된 부분에 대해서는 보완 명령이 떨어지는데 이를 해결하고 다시 검사를 받지 않으면 계속 미사용승인 건물이 되어 입주를 못 할 수도 있다. 따라서 최대한 도면에 따른 시공을 해야 한다.

10단계 : 건물 등기

사용승인(준공)을 받고 나면 건물 등기를 해야 한다. 이때 취득세는 원시 취득으로 다주택자라도 3.16%로 같다. 취득세의 기준이 되는 건물가액은 200㎡ 이하는 표준가액을 기준으로 하므로 실제 시공비와 차이가 있다. 하지만 200㎡ 이상이거나 다가구주택의 경우 종합건설회사에서 시공하므로 실제 계산서가 발행되는 공사비와 설계, 감리비 전체가 건물가액이 된다. 따라서 이 금액으로 신고를 하고 취득세 3.16%를 납부한 후 납부 영수증과 건물대장을 가지고 등기소에 가서 건물 등기를 해야 한다. 등기 비용은 건물 취득세 3.16% 외에는 등기 수수료 15,000원이 전부이다. 취득세는 당일 신고, 납부하면 완료되고 등기는 접수 후 약 7일 후에 완료되어 등기소에서 등기필증을 받을 수 있다. 건축물대장은 세움터(cloud.eais.go.kr)에서 출력이 가능하다.

대지

건축할 수 있는 땅을 말한다. 최소한 너비 2m 이상의 도로에 접해 있어야 한다. 전, 답, 임야 등의 경우 개발행위 허가를 받아야 대지로 변경이 가능하다.

건폐율과 용적률

'내 땅에 집을 몇 평까지 지을 수 있을까?' 즉 건축 가능 규모를 가늠하는 기준이다. 건폐율은 대지면적에 대한 건축면적의 비율이고 용적률은 대지면적에 대한 건축물 연면적의 비율이다. 평면적 개념과 입체적 개념으로 이해하면 된다.

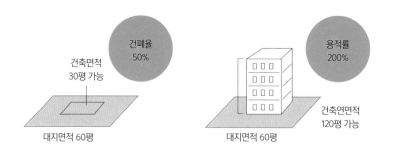

용도지역지구

땅의 위치에 따라 지역·지구와 건축법규, 조례 등이 모두 다르기에 같은 평수의 땅이더라도 지을 수 있는 집의 크기가 다르다. 토지이음(www.eum.go.kr)에 땅 주소를 입력하면 해당 토지의 토지이용계획을 열람할 수 있는데 여기에서 해당 필지에 지정된 「국토의 계획 및 이용에 관한 법률」에 따른 지역·지구에서 행위가능여부와 건폐율·용적률, 층수 높이 제한, 건축선, 도로 조건 등의 내용을 확인할 수 있다.

일조권

건물을 새로 지을 때 인접 건물(특히 내 건물 북쪽에 위치한 건물)의 채광을 보장하는 권리를 말한다. 인접 건물로 인해 햇빛을 충분히 받지 못하는 경우 이로 인해 발생하는 피해를 최소화하는 법적 가이드라인이다.

보통 설계를 할 때 건축사가 각 토지의 지구단위 계획과 건축법 시행령을 참고하여 일조권을 보장할 수 있는 설계를 진행한다.

건축한계선

도로에 있는 사람이 개방감을 가질 수 있도록 건축물을 도로에서 일정거리 후퇴시켜 건축하게 하는 규정이다. 지구단위 계획 지침에서 수립하여 정하는 사항으로 대지 경계선으로부터 얼마나 떨어져야 하는지 정한 선이다. 그 선의 수직면을 넘어서 건축물의 지상 부분이 돌출되어서는 안 된다. '선향당'도 지구단위 계획에 의해 도로로부터 1.5m 이격한 건축한계선을 적용하여 건축하였다.

건축선

도로와 접한 부분에 건축물을 건축할 수 있는 선으로 건축물은 건축선을 넘어갈 수 없다. 폭 4m 미만(막다른 도로의 경우 6m)의 도로인 경우 도로 중심선으로부터 2m 물러난 선을 새로운 건축선으로 정한다. 따라서 주택 부지를 구입할 경우 4m 미만의 도로에 접해 있다면 건축가의 검토가 필요하다.

경계측량

착공을 하기 전, 땅의 경계를 정확히 알아보기 위한 측량을 경계측량이라고 한다. 경계측량을 해야 하는 이유는 타인 소유의 대지와 경계를 명확히 하고 건축물의 위치를 정확히 하기 위해서이다. 경계가 명확해야 인접 토지 소유주와 불필요한 분쟁이 발생하지 않으며 건물이 정확하게 자리 잡을 수 있다.

신청 : 지적측량바로처리센터(baro.lx.or.kr), 1588-7704

1. 단독주택 건축 면적은 어느 정도가 적당한가요?

정답은 없다. 보통 실내 공간은 1인당 10평 정도를 기준으로 하는데 이는 생활공간을 염두에 둔 면적으로 취미 공간이나 최근 유행하는 재택근무를 위한 작업 공간을 염두에 둔다면 좀 더 큰 면적이 필요하다. 하지만 건축비를 고려한다면 합리적인 선에서 절충하는 것이 좋다. 마당도 10~15평 정도가 관리와 이용 면에서 좋다. 물론 정원을 꾸미거나 수목을 가꾸는 취미가 있다면 더 넓어도 좋지만 관리하는 데드는 시간과 공이 크다는 것을 명심해야 한다.

2. 주택 공사 기간은 실제로 얼마나 걸리나요?

보통 주택 공사 기간은 목조 4개월, 철근콘크리트조 6개월을 잡는다. 하지만 장마가 길어지거나 폭염 또는 혹한기로 인해 시공 중단 일수가 늘어나 1~2개월 정도 더걸리는 경우가 많다. 또 다른 변수는 민원이다. 주변 민원이 많은 경우에 이를 해결하면서 공사를 하다 보면 지연되는 경우가 있다. 최근에는 공사 자재비 폭등과 수급불안으로 일정이 지연되는 경우도 발생하고 있다. 따라서 너무 타이트하게 일정을잡는 것보다 2개월 정도 여유를 가지고 입주 계획을 세우는 것이 좋다.

3. 주택은 관리가 힘들다고 하는데 일반인도 잘 관리하고 살 수 있나요?

신축 주택의 경우 특별한 하자가 있는 경우를 제외하고는 크게 손볼 것이 없다. 다만 마당이 넓거나 조경 수목이 많은 경우 관리하는 데 시간이 든다. 그러나 가드닝

기구들을 적절히 활용하면 수고를 줄일 수 있다. 예를 들어 로봇 잔디깎이를 사용하면 로봇이 매일 잔디를 깎고 알아서 충전도 한다. 깎이는 잔디 길이도 1~2mm 정도로 짧아서 치우지 않아도 알아서 거름으로 쓰인다. 이밖에도 고압세척기를 이용하면 주택 외부 때를 쉽게 청소할 수 있고 때에 따라서 세차까지도 할 수 있다. 즉 적절한 수단을 활용하면 얼마든지 편하게 집을 관리할 수 있다.

4. 아파트와 비교해서 관리비가 많이 들지는 않나요?

단독주택에 대해 제일 많이 하는 우려가 '냉·난방비가 아파트보다 많이 들지는 않을까?'와 '집이 덥고 추우면 어떡하나.'라는 걱정이다. 그러나 최근 지어지는 주택은 엄격한 단열 규정을 적용하기 때문에 걱정할 필요가 없다. 외려 동일 면적의 아파트 관리비와 비교했을 때 여러 항목이 빠지기 때문에 덜 드는 경우가 대부분이다. 또한 지붕에 태양광 패널을 설치하면 전기 요금이 확연히 줄고, 보조 난방으로 벽난로를 설치하면 인테리어 효과와 함께 난방비도 절약할 수 있다.

5. 마음에 드는 토지가 비쌀 때는 어떻게 해야 할까요?

토지를 보러 다니다 보면 마음에 드는 토지는 항상 가격이 비싸서 예산에 맞지 않는다. 그만큼 여러 가지 조건이 충족되는 좋은 입지에 있기 때문이다. 이럴 경우 그냥 포기하기보다는 몇 세대까지 건축이 가능한지 확인한 후 나처럼 다가구주택을 짓는 것도 방법이다. 담보대출 외에 임대보증금을 활용하여 부족한 자금을 해결할 수 있기 때문이다. 다가구로 설계할 때 부족한 공간은 용적률에 포함되지 않는 다락이나 지하 공간을 구성하여 설계하면 해결할 수 있다. 물론 대출을 이용할 경우 반드시 상환 시뮬레이션을 하여 우리 가족의 소득으로 대출 이자와 원금 분할 상환을 감당할 수 있는지 따져봐야 한다.

6. 택지지구가 아닌 전, 답, 임야일 경우에는 어떻게 하나요?

뒤에서 다시 설명하겠지만 전, 답, 임야의 경우에는 주택을 짓기 위한 조건이 많이 까다롭다. 일반적으로 대지로의 전환을 위해서는 지역 건축사사무소에서 토목

측량사무소를 통해 현황측량을 진행하고 설계를 한 다음 토목과 건축인허가를 복합민원으로 접수하여 인허가가 나야 공사 진행이 가능하다. 그리고 완공 후 농지전용 부담금을 내야 대지로 변경할 수 있다. 농지 전용 부담금은 공시지가의 30%로 상한선이 평당 5만 원이다. 이 외에 전기와 상하수도, 정화조를 연결하는데 비용이 발생한다.

가장 중요한 것은 도로를 접하고 있는지이다. 지적도 상 도로에 접하지 않은 토지를 '맹지'라고 하는데, 맹지에는 건축 행위가 불가능하다. 이 경우 개인도로 주인에게 '도로사용허가'를 받아야 하는데 이 과정이 매우 어렵다.

설령 도로가 잘 닦여진 곳, 집이 지어진 땅을 구매했다고 해도 문제가 없는 것이 아니다. 현황도로이긴 하나 큰 길에서 진입로를 따라가다 보면 개인 땅이 껴 있는 경우가 흔하다. 만약 건축 담당공무원이 진입로의 지적도를 확인하여 도로 주인에게 '도로사용승낙서'를 받아오라고 한다면, 그리고 만약 이 주인에게 도로사용승낙서를 받을 수 없다면 설령 지목이 대지라고 해도 아예 인허가 접수가 불가능하다. 그러니 토지 계약서에 서명하기 전에 건축 담당공무원을 만나보기를 권한다.

본격적인 설계를 하기 위해 현황측량을 해보면 지적도상의 경계가 다른 경우가 흔하다는 것도 알아두어야 한다. 농가주택의 경우 지어진 지 20년이 넘은 경우가 허다한데 있는 그대로를 보존하면서 사용하는 데는 문제가 없겠지만 이를 허물고 지을 때는 오늘 날짜의 건축법을 적용받으니 정확한 경계를 알아야 한다.

7. 건축 비용을 쉽게 가늠할 수는 없나요?

막연한 질문 같지만 조금만 생각해보면 대략적인 예산은 정할 수 있다. 토지 매입비용까지 고려하면 변수가 너무 많고 다양하기 때문에 순수 건축비만 놓고 계산하는 게 쉽다. 2022년 기준, 대략 목조주택의 경우 평당 700만 원, 철근콘크리트주택의 경우 평당 800만 원으로 계산한다. 주택은 임대사업자여도 부가세가 환급되지 않기 때문에 10% 부가세도 비용으로 책정해야 한다. 단층 외에 다락은 50%, 지하는 130% 정도 잡아야 한다. 지하가 비싼 이유는 토목 공사가 들어가고 목조주택이어도 철근콘크리트로 지어야 하기 때문이다. 또한 방수 비용도 추가된다.

8. 단지형 타운하우스와 단독주택의 차이점은 무엇이 있을까요?

타운하우스는 완공된 집에 들어가서 살 수 있고, 아파트처럼 관리 인력과 경비 인력이 있다는 것이 장점이다. 큰 단지를 이룬 경우 공동 지하 주차장, 주민 편의 시설이 있는 곳도 있다. 그러나 아파트보다 세대수가 적어 세대 당 일반 관리비가 매우 비싸며, 단독주택보다 토지 지분이 적어 토지 가격 상승이 건물의 감가를 따라가지 못하여 자산 가치가 감소하고 재건축이 어렵다. 또한 입지적인 측면에서 오히려 단독주택 택지지구보다 신도시 중심까지의 접근성이 떨어지는 곳이 많다.
우리 가족의 맞춤형 주택에 살고 싶은 욕망이 있다면 좀 힘들더라도 직접 단독주택을 설계하고 시공하여 거주하는 것이 훨씬 만족감이 높을 것이다.

9. 시공사기를 당하지 않으려면 어떻게 해야 하나요?

시공사기를 예방하는 첫 번째 방법은 좋은 건축사를 만나는 것이다. 건축 분야 최고의 전문가는 건축사이다. 직접 설계를 하고 현장에서 감리를 하고 시공사와 기술적 협의를 진행하는 위치이다 보니 좋은 건축사를 만나면 시공사기에 대한 리스크를 크게 줄일 수 있다. 두 번째 방법은 저가 시공사를 피하는 것이다. 싸고 좋은 것은 없다. 게다가 요즘처럼 건축자재비, 인건비가 가파르게 오르는 시기에는 저가 시공비로 계약 체결에 급급한 시공사는 문제를 일으킬 소지가 많다. 따라서 적정 시공비를 제시하는 업체를 선정하는 것이 불안함을 더는 방법이다.

10. 인테리어는 어떻게 하는 것이 좋은가요?

인테리어 자재나 조명 등 인테리어 설계까지 꼼꼼히 하는 건축사가 있는가 하면 기본적인 공간 설계만 하고 인테리어는 건축주가 직접 하게 하는 건축사가 있다. 각기 장단점이 있지만 후자 쪽이 주택 건축에 더 어울린다. 실시 설계를 할 때 이미 창호와 문 등 중요한 구조와 재료는 정해지니 타일, 조명, 아트월, 마감재, 바닥재, 가구(붙박이, 주방싱크 등) 등은 건축주가 직접 선택하여 시공사와 협의하면서 진행하는 것이다. 그렇게 해야 정말 내게 맞는 맞춤형 집이 나오게 되고 그 과정에서 하는 공부가 나중에 소소한 수리나 개조가 필요한 경우 큰 도움이 된다.

예산부터 설계까지

후회 없는 집을 설계하는 두 번째 단추

Part 1에서 단독주택을 짓는 과정을 개략적으로 설명했다면 Part 2에서는 그 과정 중 시공에 들어가기 전 단계인 예산 짜기 및 부지 선정, 설계에 대해 자세히 다룬다. 집 짓기에는 다양한 변수가 발생하므로 하나의 답이 정답일 수 없다. 그러나 여기에서 설명하는 기본을 염두에 두면 각각의 단계에서 발생하는 여러 문제에 대해 보다 유연한 대처가 가능할 것이다.

주택 신축 예산 짜기

주택 신축의 첫 단계인 기획 단계에서 가장 중요한 것은 예산을 짜는 것이다. 이때 건축비 가늠보다 내가 가용할 수 있는 자금을 정확히 파악하는 데 신경을 써야 한다. '얼마나 들겠지'가 아니라 '얼마나 확보할 수 있는지'를 파악하고 그 안에서 주택 신축을 추진해야 한다.

　주택을 지으려는 사람들이 가장 흔히 하는 치명적인 실수가 '몇 평짜리 집을 짓는 데 얼마나 들까?'를 가늠한 후 마음에 드는 토지를 발견하면 '이 정도면 감당할 수 있겠지!' 하고 덜컥 계약금을 건네는 것이다. 주택 신축은 적게는 2억~3억에서 많게는 수십억의 비용이 드는 매우 큰 프로젝트이다. 그러니 얼마만큼의 돈이 필요한지, 그 돈을 어떻게 조달할 것인지에 대한 계획이 필수이다. 대부분 주택 한 채를 짓는데 돈이 얼마나 드느냐는 꼼꼼히 따져보지만, 정작 그 돈을 어떻게 조달할 것인지에 대해서는 뭉뚱그려 가늠하곤 한다. 그러나 정확한 자금 조달 계획이 없이 시작하는 건축은 반드시 어디에선가 문제를 겪게 된다. 그러니 주택 신축 예산을 짤 때는 얼마가 들겠지 만큼이나 얼마나 확보할 수 있는지를 함께 계획해야 한다. 이때 예산에는 순자산뿐만 아니라 대출도 함께 포함한다. 물론 대출이 필요 없다면 가장 좋겠지만 그만큼의 현금 확보가 어렵다면 장기적으로 감당 가능한 대출을 정확히 따져보고 예산을 짜도록 한다.

주택 신축 자금을 확보하는 방법

- 즉시 가용 자금(현금 및 주식 등)

- 처분 가능 자금(거주 부동산 등)

- 차입금(대출)

// 주택 신축 예산을 세울 때는 우선 신축 자금을 어떻게 확보할지 자금 조달 계획부터 세운 후 각각 큰 항목별로 얼마만큼의 비용이 들어갈 것인지, 그리고 필요한 자금을 시기별로 어떻게 마련할 것인지를 세부적으로 따져보는 것이 좋다.

주택 신축에 들어가는 큰 비용

- 토지 매입 및 취득세

- 설계비

- 직접 공사비

- 간접 공사비

- 취등록세

- 예비비

// 토지 매입은 주택 신축에 있어 큰 비용이 드는 첫 단계이므로, 어떠한 입지에 집을 지을지 충분히 고민하여 매입한 후 다음 단계를 진행해야 한다.
// 전, 답을 용도 변경하는 경우 경계측량비, 건축인허가비, 농지 전용 부담금, 기반시설 인입비, 교육세, 농어촌특별세 등이 추가로 발생한다.

1. 가용 가능한 예산 점검

주택 신축 자금 조달 계획서 쓰기

길거리를 지나가다 짓다 만 건물이 을씨년스럽게 방치된 것을 본 적 있을 것이다. 공사를 하다가 중단한 이유는 다양하겠지만 그중 많은 경우가 공사비 부족으로 인한 것이다. 계획했던 자금이 들어오지 않은 경우, 고려하지 않은 추가 공사비가 발생한 경우, 특히 저가 시공사의 견적을 보고 '옳다구나!' 하고 계약 후 시공을 시작했는데 시공 중 공사비가 기하급수적으로 상승하는 바람에 비용 마련이 어려워져 공사를 중단하는 경우…. 이처럼 예산 계획을 잘못 잡아서 문제가 생기는 현장이 생각보다 많다. 그래서 주택 신축을 계획하는 과정에서 반드시 최우선으로 해야 하는 것이 바로 자금 조달 계획 수립이다.

최근 정부의 부동산 규제로 인해서 자금 조달이 매우 까다로워졌다. 집 짓기만큼 여러 변수가 벌어지는 일도 드무니 반드시 현실적인 자금 계획을 세워야 한다. 무엇보다 차입금은 반드시 상담을 통해 최대한 정확하게 잡아야 한다. 그렇지 않으면 실제 건축을 진행할 때 선택에 제한이 생기거나 시공 중 문제가 발생했을 때 즉각 대처하기 어렵다.

다음은 주택 신축 예산을 짤 때 사용할 수 있는 자금 조달 계획서의 예시이다. 큰 항목으로 구분하였으니 사용자의 상황에 따라 조정하여 사용하면 된다.

주택 신축 자금 조달 계획서 예시

엑셀 파일을 다운로드 받으세요

종류	구분	금액	사용시기
즉시 가용 예산	예금(현금)	5,700	토지 계약금
	주식, 채권 등	3,100	토지 계약금
	보험약관 대출	5,500	시공 시 예비비
	퇴직금 중간정산	–	
	기타	–	
소계		14,300	
처분 가능 예산	거주 부동산	70,000	토지 잔금, 공사 기성비
	거주 외 보유부동산	–	
	현물(금, 은, 자동차 등)	–	
	기타	–	
소계		70,000	
차입금	토지 담보 대출	48,000	공사 기성비
	기성고 대출	–	
	신용 대출	–	
	임대세대 보증금	40,000	시공사 잔금
	기타	–	
소계		88,000	
합계		172,300	

단위 : 만 원

(1) 즉시 가용 예산

현금으로 즉시 가용할 수 있는 자금, 즉 예금 또는 주식이나 채권 등의 유가증권이 대표적이다. 주로 토지 계약금을 치르는 용도로 사용한다. 신축하고자 하는 토지 매입비를 충당할 수 있을 만큼 즉시 가용 자금이 충분한 경우를 제외하고는 절대 이 가용 자금으로 계약금을 지급하고 토지 계약을 체결하지 않아야 한다. 처분하고자 하는 부동산의 상황에 따라서 바로 잔금을 치를 상황이 되지 못해 피 같은 계약금을 손해 보는 경우가 왕왕 있기 때문이다.

일반적으로 주택 신축을 계획할 때 현재 거주하고 있는 집에 큰돈이 묶여있어 즉시 가용 예산이 충분하지 않은 경우가 대부분이다. 그러나 건축을 하다 보면 소소한 비용이 계속 발생하니 이때 바로 사용 가능한 자산을 가지고 있는 것이 맘고생을 조금이라도 줄일 수 있는 방법이다. 따라서 주택을 신축하려면 '즉시 가용 예산'을 어떻게 키울 것인지를 우선 고민해야 한다. 현금 보유가 어렵다면 마이너스 통장 또는 보험약관 대출 등 바로 현금화할 수 있는 금융자산도 염두에 두도록 하자.

(2) 처분 가능한 예산

거주하고 있는 부동산이 여기에 해당한다. 자가로 살고 있다면 틈틈이 실거래가를 확인하고, 부동산 앱 등을 통해 실거래가 외의 예상 시세를 검색해두도록 한다.

전세로 거주 중이라면 거주하는 동네의 전세 계약이 원활히 이루어지는지 부동산중개사무소를 통해 거래 현황을 알아두고 전세 계약 만기 시점을 고려하여 전체 일정을 세워야 한다. 만기 시점을 놓치면 적지 않은 중개수수료를 양쪽으로 내야 하기 때문이다.

부동산 매매가 조회
국토부 실거래가 조회(rt.molit.go.kr) : 실거래가 신고 금액을 확인할 수 있다. 과거 매매 이력을 확인하는 용
도로 사용한다.
부동산 앱 직방 : 최근 실거래가와 매물 호가를 기준으로 현재 시세를 보여준다.
부동산 앱 호갱노노 : 아파트 특화 앱으로 각종 Big Data 분석 자료가 있다.
부동산 앱 땅야 : 토지실거래가 조회가 편하다.

    또한 집 짓는 데 최소 1년 이상의 시간이 걸리므로 거주 중인 주택을 매도한 후입주 때까지 머무를 곳에 대한 계획도 세워두어야 한다. 내 경우, 토지를 매입하기전에 살고 있던 아파트를 처분하고 이후 구입한 토지 옆에 있는 아파트 월세를 구했다. 토지 매입을 위한 즉시 가용 예산을 최대한 확보하기 위한 선택이었다. 평수도 기존에 살던 48평에서 25평으로 줄였다. 온 가족이 새집을 짓는 것에 동의하고 그 기간 동안 불편을 감내할 마음이 있었기에 가능한 결정이었다. 부족한 수납공간은 근처에 장기 보관이 가능한 지하 창고를 확보하여 거실 소파나 6인용 식탁처럼 당장 없어도 지낼 수 있는 큰 가구와 계절별로 바꾸어 쓰는 가전과 의류 등을 옮겨 두었다. 이렇게 최대한 가용 예산을 확보한 덕분에 각종 자잿값이 치솟는 집 짓는 과정에서 금전적인 문제로 골치가 덜 아플 수 있었다.

    거주 부동산을 매도할 때는 여러 부동산에 시세를 확인하여 실제 매매 가능한 금액으로 매도하길 바란다. 최대한 비싸게 팔고 싶은 욕심에 호가를 높여 내놓으면 집

짓기를 아예 시작도 못 할 수 있고, 떠도는 매매 호가를 기준으로 진행하다가 뜻하지 않게 급히 대출을 알아보게 되면 시중 금리보다 높은 고금리 대출을 이용하는 경우가 발생하여 자금 흐름이 악화된다.

　매매로 내놓은 거주 부동산이 계약되기 전에 마음에 드는 토지가 나왔다고 바로 계약을 하는 것은 절대 금물이다. 좋은 토지는 기다려 주지 않기 때문에 즉시 가용 예산으로 토지 매매를 할 수 있는 경우에는 바로 계약을 하는 것이 좋다. 그러나 주택 매도 비용으로 토지를 매입해야 한다면 반드시 거주 주택을 먼저 매도하고 토지를 매입해야 한다.

　실제로 현재 거주하는 주택의 매도 계약이 체결되지 않았는데 마음에 드는 토지가 있다고 계약을 하고는 잔금일까지 주택 매도가 되지 않아서 고생하는 사람을 만난 적이 있다. 통상 계약과 잔금의 간격을 3개월 전후로 하는데 이분은 안전하게 진행하고자 토지 매입 잔금 지급 날짜를 4개월 뒤로 넉넉히 잡아두었지만 거주 주택이 팔리지 않아 가격을 급매가로 낮추고 매수인을 찾고 있었다. 이런 경우 계약한 토지 매입 잔금을 대출 등으로 융통해야 하는데 토지 대출의 경우 실제 매매가의 60%도 쉽지 않아서 토지주와 잔금 지급 일자 조정 협상을 하고 있다는 말을 들었다.

　보통 아파트의 경우, 시세에 따라 매물을 내놓으면 수개월 안에 매매가 이루어진다. 즉 환금성이 좋다는 뜻이다. 이는 많은 사람들이 아파트를 선호하는 이유이기도 하다. 반면 현재 보유한 부동산이 빌라나 주택인 경우, 환금성이 낮아서 매물을 내놓은 뒤 계약까지 몇 년이 걸릴 수도 있다.

나 역시 과거, 부모님이 살고 계신 서울 목동 단독주택(다가구)을 매도할 때 무척 어려웠던 경험이 있다. 매매가 이루어지지 않아 수익형 부동산 카페에 직접 매물을 올리고 홍보를 하기도 했고, 동네 부동산 중개사무소를 여러 군데 다니며 거래 상황을 점검했지만 실제 매매까지 1년 6개월이 걸렸다. 만약 토지라면 매매를 기약하기 어려웠을 수도 있다. 이처럼 보유 부동산의 형태에 따라 필요한 기간 내에 처분이 어려울 수 있으니 현재 매매 현황을 확인한 후 계획을 세워야 한다.

부동산 매매는 여타 공산품과 달리 매우 큰돈이 오가는 거래이기 때문에 경기에 민감할 수밖에 없다. 계약한 날짜를 맞추지 못하면 계약 파기로 인한 손해는 온전히 토지 매수인이 지게 되며, 급한 마음에 부동산을 급매로 처분하면 전체 사업비에 차질이 생긴다. 따라서 조급한 마음을 버리고 느긋하게 거주 주택부터 매도 계약을 한 후 토지 매수 계약을 체결하도록 하자.

(3) 차입금(대출)

대출 가능 여부는 개인 상황에 따라서 제각각이다. 강화되는 DSR(총부채원리금상환비율)과 DTI(총부채상환비율), 다주택자, 임대사업자 대출 규제로 인해 대출 받을 수 있는 금액 조건이 달라진다. 점차 부동산 대출 규제가 강화되고 있기에 이 책을 읽는 시점에는 또 다른 조건이 형성될 수 있으며, 금리가 급격히 오르고 있어서 대출 금리 또한 필수 고려 대상이다.

2022년 현재 주택 신축을 위한 대표적인 대출 방법은 다음과 같다.

토지 담보 대출 : 일반적으로 토지를 매입할 때 감정가(은행 자체 감정)의 60% 정도를 대출받을 수 있다. 토지 담보 대출을 고려한다면 토지 매입 단계에서부터 건축을 전제로 한 대출을 받아야 하므로 주거래 은행에서 상담을 받고 진행해야 한다. 이때 알아두어야 할 것은 토지 담보 대출의 경우, 은행에서 토지에 지상권 설정을 한다는 것이다. 따라서 건축 허가를 받고 건축 진행 시 은행에 승인을 받아야 한다. 전체 주택 신축 예산을 잡을 때 토지 담보 대출 60%로 공사비까지 해결된다면 몇 달간의 이자가 부담되더라도 대출을 최대한 받은 후 시공 잔금까지 대응하는 게 좋다. 이후 추가 토지 담보 대출은 불가능하기 때문이다.

기성고 대출(건축자금 대출) : 건축할 때 제일 많이 사용하는 대출이다. 토지 담보 대출로는 부족한 자금이 해결되지 않거나 전세 보증금과 같이 목돈이 묶여 있는 경우에는 기성고대출을 받아서 완공 때까지 사용한다. 시중 은행 또는 제2금융권에서 실행하며, 보통 주택신축판매업 사업자 등록을 유도해서 사업자 대출로 진행한다. 토지 매입부터 건축(시공)까지 총사업비의 약 80%까지 대출이 실행되며, 간혹 시공사를 지정하는 은행도 있다. 단기간 긴급 자금 대출의 성격이기 때문에 이율이 약 7~12% 정도로 상대적으로 높은 편이다. 하지만 처음부터 총액을 대출하는 것이 아니라 개발 공정률에 따라 공사가 진행된 만큼(기성) 필요 금액을 단계별로 대출받는 것이어서 생각보다는 이자에 대한 부담이 덜하다.

기성고 대출은 건물이 완공되고 사용 허가가 떨어지면 주택 담보 대출로 전환하여 상환한다.

주택임대사업자 시설자금 대출 : 보통 다주택자들이 많이 사용하는 대출이다. 이미 임대사업자로 등록이 되어있다면 별도의 사업자등록증을 내지 않고 기존 사업자등록증으로 대출을 실행한다. 시설자금이기 때문에 토지와 지어질 건물을 대상으로 이루어지며 최초에는 토지에 근저당 설정을 하고, 등기 후에는 토지와 건물에 근저당 설정을 한 후 상환에 대한 의무 없이 지속해서 이자만 상환하고 연 단위로 갱신하면서 사용할 수 있다.

이율도 약 3% 수준으로 상대적으로 낮으며, 사용승인 후 건물의 가치를 다시 감정하여 추가 대출도 가능하다. 그러나 최근 다주택 임대사업자 추가 대출 제재가 높아짐에 따라서 개인 상황에 따라 추가 대출이 안 될 수도 있다.

내 경우, 몇 년 전 임대사업자 등록을 해둔 덕분에 개인 주택 신축에 대한 대출이 안 되는 상황에서 주택임대사업자 시설자금 대출로 건축비를 마련할 수 있었다. 이전에는 임대사업용 부동산에는 사업자 본인이 거주하지 못했으나 2018년 주택임대사업자 활성화 대책 시행 후 본인이 거주하는 주택이더라도 주인세대를 제외한 다른 임대세대가 있다면, 즉 임대를 목적으로 한 다가구주택이라면 건축비 대출이 가능하다. 2022년도 역시 정부에서 비아파트에 대해서는 임대사업자를 유지하기로 했으므로 아직 이와 같은 형태로 대출할 수 있다.

이처럼 다양한 대출 방법이 있지만 갈수록 대출 규제가 강화되기 때문에 인터넷에 떠도는 정보를 믿어서는 안 된다. 예산 설정 시 반드시 은행과의 상담을 통해 가능한 대출 종류와 한계를 파악하고, 수시로 점검해야 한다. 또한 금리가 급격히 오르고 있으니 대출 이자가 감당할 만한 수준인지 냉철하게 판단해야 한다. 철저하게 사전 준비를 하고 계획을 세워야 집을 지으면서 발생하는 여러 가지 변수를 최대한 줄일 수 있다.

지금까지 주택을 신축할 때 있어 가용 예산을 점검하는 방법을 확인해보았다. 예산 짜기는 단추 100개를 끊임없이 채워야 하는 긴 여정의 첫 단추이다. 그만큼 신중하게 접근해야 하지만, 많은 분이 은행 대출 창고에 한 번도 가보지 않고 막연히 시세보다 높게, 시장 상황보다 더 좋게, 은행 대출이 나올 것으로 예상한다.

그러나 가용 예산 계획만큼은 반드시 매우 보수적으로 세워야 한다. 특히 은행 대출은 꼭 은행에 감정해보고 대출 이자를 고려한 계획을 세우도록 하자.

2.주택 신축 예상 비용

주택 신축에 들어가는 비용 가늠하기

집 짓기의 1단계는 평당 건축비가 얼마인지 따져보는 것이 아니다. 물론 내가 원하는 집을 머릿속에 그리는 행복한 상상을 말릴 생각은 없다. 그러나 정말 집을 짓겠다고 결심하고 구체적인 계획을 세운다면 반드시 어느 곳에 어떤 땅을 살 것인지가 우선이어야 한다. 어떤 땅을 고르는 게 좋은지에 대해서는 다음 장에서 구체적으로 설명하도록 하겠다.

그다음으로 고려해야 하는 것은 세금이다. 간과하기 쉽지만 의외로 집 짓기의 발목을 잡을 수 있는 요소이기 때문이다. 그러니 자산을 정리하고, 주택을 지을 토지 매입 시에 발생하는 각종 세금에 대해서는 미리 확인해두자.

특히 부동산 규제가 강화되고 있는 현시점에서는 매도 시 발생하는 양도세에 대한 사전 시뮬레이션이 필수이다. 양도세는 양도소득세의 줄임말로 개인이 토지, 건물 등 부동산이나 주식 등을 양도할 때 발생하는 이익에 대한 세금이다. 부동산의 경우 취득일로부터 파는 날, 즉 양도일까지 보유기간 동안 발생된 이익에 대해 양도시점에 과세한다. 현재 국내에 1주택을 보유하고 있는 경우 2년 이상 지나면 과세대상이 되지 않지만 이때 12억 원을 초과하는 고가주택은 과세대상이 되며, 일시적 2주택 가구라면 다른 주택을 처분하고 최종적으로 1주택만을 보유하게 된 시점으로부터 2년 이내여야 한다.

국세청 홈페이지 홈텍스(www.hometax.go.kr)에서 양도소득세 모의계산이 가능한데 2주택 이상이거나 보유주택의 시세가 12억 이상이라면 반드시 세무사와의 세무 상담을 통해서 양도세를 점검하고 예산 계획에 반영해야 한다.

부모님과 합가 후 부모님이 거주하는 부동산을 처분하여 자금으로 활용하려는 경우, 부모님이 다주택자가 아닌지 정확히 확인해야 한다. 간혹 자녀들에게 부동산 보유 현황을 다 말하지 않아서 막대한 양도세를 내야 하는 경우가 종종 발생한다.

마지막으로 부동산 매매 시 발생하는 중개 수수료도 고려해야 한다. 아파트를 매매하거나 고가의 전세인 경우, 미리 부동산중개사무소와 수수료를 낮추어 협상해 두면 상당히 큰 금액을 절약할 수 있다.

(1) 토지 매입 및 취득세

단독주택 건축에서 직접 공사비 외 가장 큰 비중을 차지하는 것이 토지 매입비와 토지 취득세이다. 보통 토지 매입비는 당연히 고려하지만 취득세를 고려하지 않아서 추가 자금 마련에 고생하는 경우가 많다. 자산을 팔 때만 세금이 발생하는 것이 아니라 건축할 땅을 살 때도 취득세를 내야 하니 미리 예산에 포함하도록 하자. 토지 취득세율은 (매매를 통한) 유상 취득의 경우 보통 4.6%다. 도시지역(신도시 택지지구 포함)의 경우 토지 비용이 크기 때문에 이 취득세도 상당한 부담이 된다.

다음은 2021년 기준 대표적인 택지지구의 토지 가격을 대상으로 예상 취득세를 계산한 것이다. 취득세 금액 수준을 자세히 보면 해당 택지지구의 인기도도 가늠할 수 있으니 눈여겨 살펴보길 바란다.

주요 택지지구 시세와 예상 취득세

저자 블로그에서 최신 정보를 확인하세요

지역		평균 평단가	평수(기본)	매매금액	예상 취득세
용인	처인구 양지 인근	150	150	22,500	1,035
	동백 택지지구	500	80	40,000	1,840
	구성 택지지구	600	80	48,000	2,208
	향린 동산	300	150	45,000	2,070
	죽전 인근 택지지구	800	80	64,000	2,944
	보정동 인근 택지지구	900	80	72,000	3,312
	수지 택지지구	600	150	90,000	4,140
	흥덕 택지지구	1,000	140	140,000	6,440
	광교 택지지구	1,600	100	160,000	7,360
성남	고기동 택지지구	450	200	90,000	4,140
	판교 택지지구	2,700	80	216,000	9,936
인천	청라 택지지구	700	100	70,000	3,220
화성	동탄2 택지지구	900	90	8,100	3,726

단위 : 만 원

(2) 토목설계 및 인허가비

보통 택지지구의 땅은 특별히 토목 공사를 하지 않아도 되지만 토목 공사가 되어 있지 않은 땅을 구입했으면 땅에 대한 설계를 받아야 한다. 그래야 내 땅의 경계면 과 레벨의 차이를 알 수 있다. 보통 토목 측량설계사무소에서 대행해주는데 100평

기준으로 평균 500만~600만 원 사이다. 최소 지역 업체 2군데 이상견적을 받아본 후 진행하는 것을 추천한다.

이후 설계가 진행되어 허가도면이 나오면 개발행위허가를 받아서 토목 공사를 한 후 건축인허가를 진행한다. 건축인허가는 건축사사무소를 통해 진행하는데 평당 10만 원을 기준으로 잡는다. 이 외에도 전이나 답을 대지로 전용하였을 경우에는 농지 전용 부담금을 내야 한다. 농지 전용 부담금은 공시지가의 30%로 상한선이 평당 5만 원이다.

(3) 설계비

많은 분이 "적정 설계비는 어느 정도인가요?"라고 묻는데, 사실 이는 천차만별이다. 기본 구조가 평이한 다가구주택보다 독특한 구조의 단독주택의 설계비가 비싼 경우도 많다. 시공과 설계를 같이 한다는 회사에서는 이 설계비를 면제해준다고 하면서 고객을 유치하기도 하지만, 유명 건축사사무소에서는 시공비의 15%에 해당하는 금액으로 설계비를 책정하기도 한다. 따라서 설계비는 반드시 예산에 넣어야 하는 큰 금액이다.

통상적으로 시공비의 10% 정도를 예상하는데 실시도면과 준공도면까지 상세설계를 하는 조건에서 연면적 200㎡ 이하는 2,000만~4,000만 원, 200㎡ 이상 다가구주택은 3,000만~6,000만 원 정도를 예상하는 것이 적당하다. 우선 이렇게 예상 비용을 잡아둔 뒤, 실제 여러 건축사를 만나 건축사를 선정하는 과정에서 조율하면 된다. 이 외에도 감리비용으로 500만~1,000만 원 정도를 추가로 예상해야 한다.

(4) 직접 공사비

집을 짓는다고 하면 가장 처음 묻는 말이 "집 짓는 데 평당 얼마나 하죠?"이다. 그러나 집의 형태와 건축 방식, 건축 재료, 재료비 상승 등 너무도 많은 변수가 존재하기 때문에 과거의 평당 건축비의 개념으로는 정확히 내가 짓고자 하는 건물의 공사비를 가늠하기 어렵다. 정확한 공사비는 실시설계까지 한 도면을 가지고 직접 시공사에 견적을 의뢰하여 총공사비를 산출해야 나온다. 그러나 초기에 예산을 짜는 과정에서 개략적인 건축비를 산정하는 것이 필요하므로 그동안 여러 시공사를 만나 받은 견적과 하우징 업체의 오픈하우스를 방문하여 조사한 자료를 기반으로 간단하게 산정해보았다.

73쪽에 제시한 공사비는 내가 건축을 진행한 2021년 공사비에 2022년 상반기까지의 가격 상승분을 반영한 것이다. 그러나 이후 계속 상승할 것으로 예견되고 건축비는 인테리어 자재의 수준에 따라서 크게 달라지므로 대략적인 예산 계획에만 참고하길 바란다.

이 외에 다가구주택은 면적에 상관없이 종합건설면허를 가진 업체에서 시공해야 하므로 부가가치세 10% 외에 관리비 상승분까지 고려하여 약 12% 정도를 전체 예산에 추가 반영해야 한다.

(5) 간접 공사비

집을 짓는 데는 직접 공사비 외에 부가적인 인입비(전기, 수도, 도시가스 등), 지반 보강 공사비(토지의 지내력이 약한 경우), 조경 공사비 등이 발생한다.

인입비는 전기나 수도, 가스, 정화조, 우수관 등의 필수적인 기반시설을 들이는 데 쓰이는 비용이다. 택지지구인 경우 모든 기반시설이 들어와 있으니 기반시설 인입비용은 거의 들지 않는다. 그러나 만약 기반시설이 전혀 없다면 최소 1,000만 원의 비용은 예상해야 한다.

2020년부터는 여러 지자체에서 지반 조사를 강화하여 연약 지반일 경우 보강 공사를 요구하는 경우가 많으므로 이 또한 간접 공사비에 포함해야 한다. 연약 지반 보강 공사에는 대략 1,000만~2,000만 원 정도 든다. 조경 공사는 얼마나 신경쓰느냐에 따라 천차만별이다. 200㎡가 넘는 다가구주택 건축 시, 대지 면적의 5% 이상을 조경면적으로 할애해야 한다. 옥상 조경의 경우 큰 나무 식재가 어렵고, 실제 조경면적의 50%만 반영된다. 그러니 준공승인을 위한 최소한의 조경을 한 후 천천히 가꿔나가는 것이 좋다.

이 외에도 각종 가구(싱크대, 붙박이장 등), 추가 인테리어(대리석 아트월, 고가의 조명 등), 전자제품(냉장고, 스타일러, 식기세척기, 비데, TV 등) 비용 등도 간접 공사비에 포함한다. 이러한 간접 공사비는 예산을 잡을 때 반드시 대략적인 금액을 잡아두어야 하지만 개인의 취향에 따라서 가변성이 매우 큰 비용이므로 정확한 예시 금액을 제시하기 어렵다. 전자제품은 기존에 쓰던 것을 사용한다고 예정해도 좋지만 가구나 추가 인테리어 등은 예상보다 큰 비용이 지출되므로 한정된 예산 한도 내에

직접 공사비 예시

	일반적인 수준의 주택	고급 마감재를 사용하는 주택
경량목조주택	스타코플렉스 마감, 아스팔트 슁글 지붕, 중저가 창호 ➡ 평당 약 400만 원	세라믹사이딩, 평기와 지붕, 수입(독일) 시스템 창호 ➡ 평당 약 550만 원
중량목조주택	스타코플렉스 마감, 아스팔트 슁글 지붕, 중저가 창호 ➡ 평당 약 550만 원	세라믹사이딩, 평기와 지붕, 수입(독일) 시스템 창호 ➡ 평당 약 700만 원
콘크리트주택	스타코플렉스 마감, 아스팔트 슁글 지붕, 중저가 창호 ➡ 평당 약 650만 원	세라믹사이딩, 평기와 지붕, 수입(독일) 시스템 창호 ➡ 평당 약 800만 원

간접 공사비 예시

전기 인입비	대략 40만~50만 원
상수도 인입비	메인 상수관에서 가까운 경우 대략 80만~140만 원
도시가스배관 설치 및 검사필증비	대략 30만~50만 원
지하수 개발비	소공 200만~300만 원, 중공 500만 원~700만 원, 대공 700만~900만 원
지반 보강비	연약 지반의 경우 추가 필요 대략 1,000만~2,000만 원
조경 공사비	기본 준공 조경 : 500만~1,000만 원
가구 비용	싱크대 : 등급에 따라 대략 800만~2,000만 원 붙박이장 : 자(약 25cm)당 20만~35만 원 신발장 : 80cm 폭에 약 70만~100만 원 드레스룸 도어 : 도어 당 약 35만 원
추가 인테리어 비용	아트월, 조명 등 선택에 따라 다름
전자제품 비용	상황에 따라 다름

서 조율이 필요하다. 예를 들어 생활 편의 시설에 의미를 크게 두는 건축주라면 이 부분에 비용을 더 높이 책정하는 대신 내외장재나 조경 등의 공사비를 줄이는 식으로 조정하여 전체 예산 한도를 초과하지 않도록 한다.

(6) 취등록세

토지를 구입할 때 취등록세를 이미 냈지만 건축을 하고 건물을 등기할 때에도 건축물의 신규 취득에 대한 취등록세를 내야 한다. 이를 '원시 취등록세'라고 하는데 표준 공사비의 2.8%(취득세)+0.2%(농특세)+0.16%(지방교육세)=합계세율 3.16% 이다. 2020년부터 정부에서는 다주택자에 대한 취득세를 강화하여 3주택 이상에 대해서는 주택 취득 시 최대 12%의 중과세를 부과하고 있다. 그러나 신축 주택에 대해서는 다주택자라도 표준 공사비의 3.16%만 부과한다.

이처럼 주택을 신축하는 데 드는 비용은 여러 조건에 따라 크게 변하기에 하나의 예시를 제시하기 어렵다. 그러나 집 짓기를 고려할 때 가장 먼저 고민되는 점 역시 예산이므로, 여러 상황을 가정하여 예산을 가늠하여 보았다. 가장 큰 비용을 차지하는 토지 매입비는 외곽의 전원주택 부지인지, 신도시 택지지구인지에 따라 두 가지 케이스로 나누었고, 가용 예산에 따라 부족한 사업비는 어떠한 방법으로 충당할 수 있는지 예상 시나리오를 작성해보았으니 합리적 선택에 도움이 되길 바란다.

Case 1. 전원주택 예산(가용 예산 3억, 사업비 6억) : 기성고 대출 이용

한정적인 예산 안에 단독주택을 지으려면 토지를 도시 외곽 전원주택 부지로 선정하여 토지 매입비를 낮춰야 한다. 토지 매입비는 용인 처인구 인근 부지를 고려하여 평단가 200만 원으로 산정하였고, 토지 크기는 120평으로 예정하였다. 토지 담보 대출이 어려우니 부족한 사업비는 기성고 대출로 건축하고 준공 후 주택 담보 대출로 전환한다.

단위 : 만 원   엑셀 파일을 다운로드 받으세요

항목	금액	비중	비고
토지 매입비	24,000	40%	100평x200만 원(토지 취득세 포함)
설계비	2,000	3%	
직접 공사비	27,500	46%	50평x550만 원(고급 마감재 사용 경량목조 2층 주택)
간접 공사비 1	1,500	3%	인입비, 지반 보강비, 조경 공사비 등
간접 공사비 2	3,000	5%	가구, 추가 인테리어, 전자제품 등
취등록세	932	2%	
예비비	1,000	2%	
예상 필요 사업비	**59,932**	**100%**	

항목	항목	금액	비중	비고
즉시 가용 예산	예금	6,000	10%	
	유가증권, 채권	–	0%	
	보험약관 대출	2,000	3%	가입하고 있는 보험으로 가능한 대출
처분 가능 예산	거주 부동산	22,000	37%	거주 주택 매매 예상 금액 또는 전세 보증금
	기타 부동산	–	0%	
소계		**30,000**	**50%**	

	항목	금액	비중	비고
차입금	토지 담보 대출	29,932	125%	대출 비율 60% 이상으로 불가능
	기성고 대출	29,932	50%	기성고 대출 실행하여 진행(전체 80% 이내로 가능) → 사용승인(준공) 후 주택담보 대출로 전환

Case 2. 전원주택 예산(가용 예산 5.4억, 사업비 6.6억) : 토지 담보 대출 이용

너른 마당이 있는 단독주택을 원하는 경우이다. 토지 매입비는 용인 처인구 인근 부지를 고려하여 평단가 200만 원으로 산정하였고, 너른 마당을 조성하기 위해 토지 크기는 150평으로 예정하였다. 토지 매입비가 크니 이 경우 부족한 사업비는 토지 담보 대출로 충당한다.

단위 : 만 원   엑셀 파일을 다운로드 받으세요

항목	금액	비중	비고
토지 매입비	30,000	46%	150평x200만 원(토지 취득세 포함)
설계비	2,000	3%	
직접 공사비	27,500	42%	50평x550만 원(고급 마감재 사용 경량목조 2층 주택)
간접 공사비 1	1,500	2%	인입비, 지반 보강비, 조경 공사비 등
간접 공사비 2	3,000	5%	가구, 추가 인테리어, 전자제품 등
취등록세	932	1%	
예비비	1,000	2%	
예상 필요 사업비	65,932	100%	

항목	항목	금액	비중	비고
즉시 가용 예산	예금	6,000	8%	
	유가증권, 채권	5,000	7%	
	보험약관 대출	3,000	3%	가입하고 있는 보험으로 가능한 대출
처분 가능 예산	거주 부동산	40,000	31%	거주 주택 매매 예상 금액 또는 전세 보증금
	기타 부동산	–	0%	
소계		54,000	75%	

차입금	토지 담보 대출	11,932	40%	대출 비율 60% 이내로 가능
	기성고 대출			

Case 3. 신도시 단독주택 예산(가용 예산 8.4억, 사업비 13.3억) : 기성고 대출 이용

토지를 신도시 택지지구로 선정하여 토지 매입비가 상대적으로 높은 경우이다. 토지 매입비는 용인 기흥구 외곽 단독주택 부지를 고려하여 평단가 1,000만 원으로 산정하였다. 사업비가 큰 만큼 기성고 대출로 건축하고 준공 후 주택 담보 대출로 전환한다. 대출은 가능하나 자산 대비 대출 비중이 높아서 경제적 효율성이 낮다.

단위 : 만 원

엑셀 파일을 다운로드 받으세요

항목	금액	비중	비고
토지 매입비	80,000	60%	80평x1,000만 원(토지 취득세 포함)
설계비	3,000	2%	
직접 공사비	42,000	32%	60평x700만 원(고급 마감재 사용 중량목조 2층 주택)
간접 공사비 1	1,500	1%	인입비, 지반 보강비, 조경 공사비 등
간접 공사비 2	3,000	2%	가구, 추가 인테리어, 전자제품 등
취등록세	1,422	1%	
예비비	2,000	2%	
예상 필요 사업비	131,922	100%	

항목	항목	금액	비중	비고
즉시 가용 예산	예금	6,000	5%	
	유가증권, 채권	5,000	4%	
	보험약관 대출	3,000	2%	가입하고 있는 보험으로 가능한 대출
처분 가능 예산	거주 부동산	70,000	53%	거주 주택 매매 예상 금액 또는 전세 보증금
	기타 부동산	–	0%	
소계		84,000	64%	

차입금	토지 담보 대출	47,922	60%	대출 비율 60% 이상으로 불가능
	기성고 대출	47,922	36%	기성고 대출 실행하여 진행(전체 80% 이내로 가능) → 사용승인(준공) 후 주택 담보 대출로 전환

Case 4. 신도시 단독주택 예산(가용 예산 10.1억, 사업비 13.3억) : 토지 담보 대출 이용

토지를 신도시 택지지구로 선정하여 토지 매입비가 상대적으로 높은 경우. 토지 매입비는 용인 기흥구 외곽 단독주택 부지를 고려하여 평단가 1,000만원으로 산정하였다. 가용 예산이 많은 만큼 이율이 낮은 토지 담보 대출로 진행할 수 있다. 그러나 이 역시 대출이 발생하므로 경제적 효율성이 낮은 선택이다.

단위 : 만 원

엑셀 파일을 다운로드 받으세요

항목	금액	비중	비고
토지 매입비	80,000	60%	80평x1,000만 원(토지 취득세 포함)
설계비	3,000	2%	
직접 공사비	42,000	32%	60평x700만 원(고급 마감재 사용 중량목조 2층 주택)
간접 공사비 1	1,500	1%	인입비, 지반 보강비, 조경 공사비 등
간접 공사비 2	3,000	2%	가구, 추가 인테리어, 전자제품 등
취등록세	1,422	1%	
예비비	2,000	2%	
예상 필요 사업비	132,922	100%	

항목	항목	금액	비중	비고
즉시 가용 예산	예금	6,000	5%	
	유가증권, 채권	5,000	4%	
	보험약관 대출	–	0%	
처분 가능 예산	거주 부동산	90,000	68%	거주 주택 매매 예상 금액 또는 전세 보증금
	기타 부동산	–	0%	
소계		101,000	76%	

차입금	토지 담보 대출	31,922	40%	대출 비율 60% 이내로 가능
	기성고 대출	0	0%	

Case 5. 신도시 다가구주택 예산(가용 예산 8.4억, 사업비 16.3억) : 사업자 대출 이용

토지를 신도시 택지지구로 선정하여 토지 매입비가 상대적으로 높은 경우. 토지 매입비는 용인 기흥구 외곽 단독주택 부지를 고려하여 평단가 1,000만 원으로 산정하였다. 가용 예산이 적은 만큼 다가구주택으로 추후 1세대를 임대할 것을 전제로 주택임대사업자 대출을 이용한다. 토지 담보 대출도 가능하나 사업자 대출이 이율면에서 유리하고 DSR 적용을 피할 수 있어서 좋다.

단위 : 만 원

엑셀 파일을 다운로드 받으세요

항목	금액	비중	비고
토지 매입비	80,000	49%	80평x1,000만 원(토지 취득세 포함)
설계비	4,000	2%	다가구주택으로 설계비 증가
직접 공사비	70,400	43%	80평x800만 원(콘크리트주택, 부가세 포함)
간접 공사비 1	1,500	1%	인입비, 지반 보강비, 조경 공사비 등
간접 공사비 2	3,000	2%	가구, 추가 인테리어, 전자제품 등
취등록세	2,351	1%	
예비비	2,000	1%	
예상 필요 사업비	**163,251**	**100%**	

항목	항목	금액	비중	비고
즉시 가용 예산	예금	6,000	4%	
	유가증권, 채권	5,000	3%	
	보험약관 대출	3,000	2%	가입하고 있는 보험으로 가능한 대출
처분 가능 예산	거주 부동산	70,000	43%	거주 주택 매매 예상 금액 또는 전세 보증금
	기타 부동산	–	0%	
소계		**84,000**	**51%**	

차입금	사업자 대출	39,251	24%	주택임대사업자 시설자금 대출
	1세대 전세	40,000	25%	추후 1세대 전세 보증금

땅 고르기

땅을 매입할 때는 무조건 신중해야 한다. 무엇보다 중요한 건 입지다. 입지에 따른 장단점을 정확히 파악하여 후보군을 추린 뒤 직접 현장에 나가 땅을 살펴봐야 한다.

주택은 부동산이다. 한번 정한 위치는 이동할 수 없다. 그래서 집을 지을 땅을 고르는 것은 주택 신축을 계획할 때 가장 중요한 부분이다. 단독주택에 대한 꿈을 꾸는 사람 중 다수가 TV 프로그램이나 잡지를 통해 멋지고 아름다운 주택에 매료되어 땅의 중요성보다는 어떤 집에서 살지 설계하는 데에만 중점을 두고 계획을 세운다. 그러나 극단적으로 집은 허물고 다시 짓거나 리모델링을 통해 변경할 수 있으나 땅의 위치는 이 대지를 팔고 다른 곳으로 이사하기 전에는 변경할 수 없다. 따라서 내가 살 동네를 정한다는 건 가장 기초적이며 중요한 숙제라고 할 수 있다.

"어떤 땅을 고르는 게 좋을까?" 이 물음에 대한 답은 개개인의 생각과 처한 환경에 따라서 모두 다를 것이다. 아직 어린아이를 키우는 부부라면 마당 넓은 전원주택을 선호할 수 있으나 아이가 학령기에 진입하면 교육과 교통 환경이 더 중요해진다. 그러니 단독주택을 지을 때는 입지 선정의 단계에서부터 십 년, 이십 년 뒤를 내다본 가족 모두의 관점이 필요하다.

주택 신축용 토지를 살 때 고려할 점

- 교육

- 치안

- 편의 시설

- 생활환경

- 교통 환경

// 가족의 형태에 따라 우선 순위가 바뀔 수 있다. 어린아이를 키우는 경우라면 교육 환경이, 부모님을 모시는 경우라면 병원과 같은 편의 시설이 우선이 될 것이다.

단독주택 택지 종류

1) 도심형 단독주택

- 구도심 단독주택

- 신도시 단독주택

2) 전원형 단독주택

// 단독주택을 지을 수 있는 택지의 종류는 크게 위와 같다. 각각의 특징을 고려하여 개략적인 위치를 정한 후, 임장을 통해 직접 자세히 살펴보도록 한다.

교육 : 학령기 아이가 있는 엄마들의 가장 큰 관심사는 교육 환경이다. 학교와의 거리도 문제지만 면학 분위기나 진학률도 큰 관심의 대상이다. 학원이 많이 있는지, 학원 셔틀이 집 근처로 오는지도 중요하다. 대부분의 학원 셔틀은 아파트 단지 앞이나 단독주택이 모여 있는 곳에만 들어온다. 교육 환경이 가장 중요하다면 택지 비용이 들더라도 신도시 단독주택이나 구도심 단독주택 부지로 좁혀 토지를 구하는 것이 좋다. 아이가 초등 고학년 이상이라면 농어촌 특별전형이 가능한 지역의 전원주택 부지도 고려할 만하다.

편의 시설 : 대형마트나 상가, 병원 등의 편의 시설도 고려해야 한다. 아이를 키우다 보면 급하게 필요한 것이 생기기 마련이고, 열이 나거나 다쳐서 응급실을 찾게 될 수 있다. 부모님과 함께 거주할 예정이라면 대학병원급의 병원이 근처에 있는 부지를 우선에 두는 것이 좋다.

생활환경 : 이웃으로 사는 사람들이 어떤지와 동네 분위기도 아이 엄마들에게는 신경 쓰이는 부분이다. 구도심 단독주택의 경우 미리 임장을 통해서 동네 환경을 꼼꼼히 살펴야 한다. 가까운 곳에 안전한 놀이터가 있는지, 가벼운 산책을 할 수 있는 공원이 있는지도 중요하다.

치안(동네 분위기) : 단독주택의 가장 큰 단점으로 생각되는 점 중의 하나가 치안이다. 치안이 잘 유지되는 우리나라지만 좀 외진 곳의 전원주택이나 구도심의 오래된 동네의 경우 아무래도 걱정이 되기 마련이다. 치안이 가장 큰 걱정이라면 신도시 단독주택 택지지구를 선택하는 것이 좋지만 그게 어렵다면 보안업체를 통해 CCTV 설치와 긴급출동 서비스를 신청하여 보완하는 방법도 있다.

 교통 환경 : 대중교통과 자가용을 이용하는 도로 환경으로 나눌 수 있다. 우선 지하철역, 버스 정류장 등과 도보로 얼마나 걸리는지 확인하도록 하자. 향후 건설 예정인 지하철 노선과 역도 확인해야 한다. 통상 집에서 1km까지를 역세권으로 보는데 이는 도보로 15분 내외에 도달 가능하기 때문이다. 지하철 이외에도 광역 버스나 마을버스를 타는 버스 정류장을 확인하는 것도 중요하다. 보통 버스 정류장은 5분 내외로 걸어갈 수 있는 거리로 약 300m 이내에 있는지 보면 된다.

자가용을 이용하는 도로 환경도 중요하다. 특히 도심에서 약간 벗어난 전원 택지를 알아본다면 주도로까지의 접근성과 주도로의 교통량, 그리고 고속도로까지의 접근성을 확인해야 한다. 특히 출퇴근을 하는 직장인의 경우 출·퇴근 시간의 혼잡도도 살펴봐야 한다. 최근 갑자기 많은 전원주택과 빌라 등이 들어선 경기도 광주시의 경우 일부 지역은 출근 시간인 오전 8시~9시 사이에는 이동이 거의 불가능할 정도로 혼잡하여 이른 새벽에 출근했다가 밤늦게 퇴근하는 힘든 삶을 살고 있는 사람도 적지 않다. 이러한 시간대별 여건을 제일 확실히 확인하기 위해서는 동 시간대에 직접 차를 몰고 가보는 것이 좋다.

1. 도심형 단독주택 부지

구도심 단독주택과 신도심 단독주택

80년대 전후만 하더라도 대도시에 사는 가구의 주된 주거 형태는 단독주택이었다. 그러나 90년대 1기 신도시를 시작으로 폭발적으로 늘어난 아파트는 2000년대 들어서 가격 상승과 환금성, 편리성을 내세우며 많은 사람이 선호하는 주거 형태로 자리 잡았다. 그러나 효율성 중심의 획일화된 주거 공간이 가져온 다양한 문제들로 인하여 아파트를 벗어나 단독주택에서의 삶을 꿈꾸는 사람들이 늘어나고 있다.

나 역시 편리한 아파트에서 살고 싶은 욕망으로 어렵게 보금자리 아파트를 분양받았다. 당시 우리 부부는 세 아이가 있어서 다자녀 특별공급 대상이었기에 낮은 점수로도 가능한 일이었다. 이후 생긴 막내딸까지 아들 둘, 딸 둘, 네 남매를 키우다 보니 피치 못하게 발생하는 층간소음으로 인해 아랫집과 잦은 말썽이 생겼다. 아무리 단속해도 한창 혈기왕성한 아이들은 조금만 흥이 나면 발걸음이 빨라졌고, 매번 "뛰지 마!" 소리를 지를 때마다 어두워지는 아이들의 표정을 보기 미안해졌다.

결국 답은 하나였다. 아파트를 벗어나 층간소음에서 자유로운 단독주택으로 옮기는 것. 그렇게 주택으로 이주를 결심한 순간 또 다른 고민이 생겼다. 아이들의 대학 입학 때까지는 15년 이상 남았기에 교육 환경을 고려해야 했다. 또한 아파트 주변 기반시설을 편히 이용하다 외딴 전원으로 이사를 하는 것에 대해 두려움이 들기도 했다. 이러한 고민을 해결할 수 있는 가장 최적의 장소가 도심 단독주택지였다.

(1) 구도심 단독주택

이미 오래전부터 도시가 형성된 곳에 위치한 단독주택이다. 대도시나 중소도시는 아파트와 상업지를 제외한 대부분이 구도심 단독주택으로 이루어져 있다. 아이를 키우는 젊은 부부보다 예산이 풍족하면서 부가 임대수익이 필요하고 대형 병원이 가까워야 하는 연령대가 높은 가족에게 적합한 입지일 수 있다.

장점 : 도시 기반시설이 잘 형성되어 있다. 주변에 재래시장, 마트, 지하철역, 학교, 병원 등이 잘 갖추어져 도보로 어려움 없이 생활할 수 있다. 대부분 일반 주거지역이어서 용적률이 높고, 다가구 또는 상가주택으로 신축하면 주거와 함께 높은 수익률을 기대할 수 있다.

단점 : 오래된 구옥이 대부분이어서 구옥을 철거하고 지어야 하므로 비용이 크고 민원 발생이 많다. 다가구주택이 많은 곳은 치안이 불안한 경우도 있다. 또한 최근 서울 구도심에서 활발하게 진행되는 공공재개발도 문제가 될 수 있다. 허름한 구옥을 철거하고 신축했는데 동네가 공공재개발 지역으로 지정되면 현금 청산을 당할 수도 있다. 다행히 일자가 맞아서 1+1 아파트 입주권을 받았다 해도 아파트가 싫어서 단독으로 옮긴 사람들에겐 그렇게 반갑지만은 않다. 그러니 구도심에 신축할 때는 지역의 재개발 추진 여부와 주택의 노후도를 잘 확인하여 진행해야 한다.

대표적인 지역은 강남권(양재, 방배, 사당, 논현, 천호, 길동 등), 강북권(수유, 노원, 상계, 도봉, 성수, 합정, 구의 등), 경기권(수원, 오산, 평택, 안양, 안산 등)이다.

(2) 신도심 단독주택

아파트 단지로 이루어진 신도시 내에 위치한 단독주택 택지다. 1기 신도시인 분당, 일산을 시작으로 평촌, 영통, 흥덕, 광교, 판교, 동탄, 호매실, 청라, 김포, 하남, 별내, 교하 등의 신도시는 도시계획 단계에서부터 일반주택택지와 전용주택택지를 조성하여 분양하였다. 이 택지들은 우선 필지가 70~150평 단위로 넓어서 단독주택을 지을 때 주차장과 마당을 조성하여 여유 있는 주택 생활을 할 수 있고, 또한 신도시 아파트 단지 옆에 위치하고 있어 마트, 학교, 학원, 상가, 병원, 공원 등 다양한 인프라를 함께 이용할 수 있다. 따라서 아이들이 어리거나 취미 생활을 여유 있게 하기를 원하는 분들에게 적합한 택지이다.

신도시 내 택지는 기반시설이 조성되어 있으므로 단독주택을 짓기에 가장 좋은 입지이다. 택지지구 조성 시 미리 청약을 넣어서 분양을 받는 방법이 제일 좋으나 청약의 기회를 놓쳤다면 매매로 나온 물건을 잘 협상해서 사는 것도 좋다. 분양가보다 매매시세가 올랐다는 것은 부동산 가치가 높아지고 있는 지역이란 뜻이다. 따라서 그곳에 집을 지어 살다 보면 꾸준한 지가 상승을 기대할 수 있다.

장점 : 계획적으로 조성한 택지이므로 도로, 전기, 수도, 도시가스, 쓰레기 수거 등 많은 것들이 시스템화 되어 있다. 내부 도로도 차량 2대가 교차할 수 있도록 넓고 반듯하게 정비되어 있다. 일례로 청라신도시 택지는 필지 중간에 공동 주차를 위한 주차 구역이 있어서 집에 방문하는 손님들이 여유 있게 주차할 수 있다. 그리

고 택지를 공원 주변에 조성하여 도보로 공원을 이용할 수 있다. 몇 년의 시간 차이는 있지만 비교적 비슷한 시기에 단지가 조성되기 때문에 다양하고 개성 강한 단독주택들이 마을을 이루고 있으므로 깔끔하고 정돈된 신도시의 면모를 볼 수 있다.

단점 : 신도시에 조성된 택지이기에 입주 초기에는 생활 편의 시설이 부족하여 불편할 수 있고 주변의 아파트, 주택, 상가 공사 등으로 인한 불편을 몇 년간 겪을 수 있다. 교육 환경도 마찬가지이다. 학교 신축 계획이 없거나 공사가 늦어지는 경우 학령기 아이들의 통학이 어려울 수 있다. 신도시의 택지는 상가주택을 지을 수 있는 일반주거지역과 단독주택만 지을 수 있는 전용주거지역으로 나뉘는데, 전용주거지역의 경우 1주택 2가구까지만 허용하기 때문에 임대수익을 내기에 한계가 있다. 일반주거지역 역시 구도심보다는 저밀도로 개발되는 경우가 많아 임대수익률을 높이기 어렵다. 그러나 이 책에서 소개한 대로 2가구가 가능함을 이용하여 1가구 전세를 고려하여 다가구주택을 짓는다면 높아진 택지비와 건축비로 단독주택을 신축할 때 생기는 자금 조달 어려움을 다소 해결할 수 있다.

대표적인 지역은 인천, 경기도에 많다. 분당, 일산, 청라, 판교, 운정, 동탄1, 2, 광교, 흥덕, 동백, 하남, 별내 등 90년대부터 개발 중인 택지지구들이 여기에 해당한다. 최근 3기 신도시나 용인플랫폼시티에도 이러한 단독주택 택지지구가 조성되고 있으며 전국적으로는 지방 중소도시에 개발 중인 택지지구에도 아파트와 함께 단독주택 택지들이 조성되고 있다.

2. 전원형 단독주택 부지
전원형 단독주택지 부지 선정 시 유의할 점

우리가 흔히 '전원주택' 하면 떠올리는 이미지가 바로 이 전원형 단독주택이다. 좋은 풍경과 깨끗한 공기, 그리고 넓은 마당에서 꽃을 가꾸거나 물놀이를 하는 것은 아마 주택에서 살고픈 사람들이 꿈꾸는 모습일 것이다.

과거에는 주로 은퇴한 노년층이 찾았지만, 최근 재택근무가 늘어나고 수도권 교통이 외곽까지 편리하게 이어지면서 차츰 젊은 세대의 관심도 커지고 있다. 취학 전 아이를 키우고 있는 부부라면 상대적으로 적은 비용으로 아이들이 어릴 적에 자연과 함께 마음껏 뛰어놀며 추억을 쌓을 수 있는 넓은 마당이 있는 집을 짓고 살 수 있다. 지방 초등학교의 경우 학생 유치를 위해 차별화된 특성화 교육을 시행하는 곳도 많다. 그러나 이러한 전원형 단독주택의 택지를 선정할 때는 일반 도심형 택지를 선정할 때보다 고려할 사항이 많다. 무엇보다 땅은 인허가 과정에서 어떠한 문제가 발생할지 모른다. 그래서 닦여진 택지지구를 구입하는 경우가 아니라면 부동산과 다음 특약사항을 추가하는 것도 방법이다.

부동산 특약사항 : 지금 구입하고자 하는 00리 000-00번지는 단독주택(전원주택)을 짓기 위해 구입하는 땅이므로 20**년 **월 **일까지 단독주택(전원주택) 관련 인허가가 나지 않을 경우 모든 토지 계약을 무효로 한다.

설령 부동산에서 기겁을 하더라도 중개수수료만큼의 역할을 다하기 위한 필수 조건이니 잘 협의하도록 하자.

(1) 전원형 단독주택 부지 선정 시 유의할 점

도로가 접해있는 땅이어야 한다

건축허가를 취득하기 위해서는 우선 도로가 접해있어야 한다. 도로가 접해있지 않은 땅을 '맹지'라고 하는데, 맹지는 건축법상 주택 신축이 불가능하다. 예전부터 사용하던 현황도로와 연결되어 있다고 해도 그 도로에 개인 소유의 땅이 포함되어 있다면 '도로사용승낙서'를 받아야 건축이 가능하다. 구두로는 사용승인을 해주겠다고 했다가 이후 말이 바뀌는 경우가 많으니 맹지를 계약하고 싶을 때는 반드시 해당 지역 부동산을 통해서 '도로사용승낙서'를 서면으로 받아야 한다.

토지 지목을 확인하라

일반적으로 건축이 가능한 땅은 관리지역이다. 관리지역은 생산관리, 보전관리, 계획관리 등으로 나뉘는데 어느 지역이든 도로만 있다면 전원주택을 건축하는 데 큰 문제가 없다. 그러나 토지의 지목이 전(田), 답(畓), 임야(林野)라면 '지목 변경 신청' 없이는 건축허가가 나지 않는다. 즉 반드시 토지의 지목을 '대지'로 바꾸어야 한다. 우선 건축사사무소에서 토목측량사무소를 통해 현황측량을 진행하고 그 위에 구체적인 설계를 한 다음 토목과 건축인허가를 복합민원으로 접수하여 인허가가 나야 공사 진행이 가능하다. 그리고 사용승인까지 받아야 대지로 지목이 변경되는데 지목을 바꾸려면 '농지 전용 부담금'이나 '산지 전용 부담금'을 내야 한다. 농지 전용 부담금은 전용면적(㎡) × 개별공시지가의 30%로 계산하는데 제곱미터당 개별공시지가의 30%가 5만 원을 초과할 경우 상한선을 5만 원으로 한다.

측량이 필수다

농가주택의 경우 대부분 지어진 지 20년이 넘어가는 경우가 허다하다. 즉, 있는 그대로를 보존하면서 사용하는 데는 문제가 없지만 이를 허물고 지을 때는 오늘 날짜의 까다로운 건축법을 적용받는다. 본격적인 설계를 하기 위해 선행되는 현황측량을 해보면 지적도상의 경계가 다른 경우가 흔한데 이로 인해 예상치 못했던 여러 문제가 발생할 수 있다. 따라서 토지를 매입 전에 현황측량을 해야 한다.

접근도로를 확인하자

신축 공사를 하는 과정에서는 필수적으로 레미콘 등 덩치가 큰 중장비가 오가게 된다. 그런데 접근하는 도로의 폭이 좁거나 급커브 등이 있어서 공사를 시작하고 보니 중장비가 못 들어가는 토지가 꽤 있다. 특히 마을을 통과하여 진입해야 하는 경우, 도로 폭이 좁거나 담이 있어 중장비가 들어가기 어렵다면 임시 우회 도로를 만들어야 할 수도 있다. 전원주택을 지으면서 마을 주민들의 민원으로 인해 상당히 많은 자금을 도로 유지 보수에 들였다는 분도 있다. 그러니 전원에 주택을 지을 때는 반드시 접근도로의 조건을 확인해야 한다.

토지 경사도

전원주택지를 알아볼 때 조망과 배산임수를 따지며 찾다 보면 경사지에 위치한 토지를 만날 때가 많다. 적당한 경사지는 간단한 석축 공사를 통해서 평지로 만들 수 있지만, 경사가 심한 곳은 아예 건축 허가가 나오지 않을 수 있다. 현재 경사지에 건축할 수 있는 한계는 원지반의 경사도 25도이다. 이보다 경사가 심한 토지는 건축을 할 수 없으니 아무리 좋은 조망을 가진 토지라도 허가가 나지 않을 정도의 경사지에 있다면 피해야 한다.

지방 텃세

귀농, 귀촌을 환영하는 지방에 내려간 사람들의 상당수가 원주민의 텃세에 부딪혀 다시 도시로 돌아온다고 한다. 그렇기에 전원에 단독주택을 짓기 원한다면 미리 그 마을에 여러 번 다니며 마을 주민과 마주치는 기회를 만들어야 한다. 땅만 봐서는 텃세 여부를 미리 알기 어렵기 때문이다. 가장 좋은 방법은 외지에서 이주해서 전원주택을 짓고 사는 사람을 찾아 직접 물어보는 것이다. 최근 신축한 주택이 있으면 해당 주택을 시공한 시공사를 찾아가 공사 중 불편한 것은 없었는지 확인해 보는 것도 좋다.

사회 기반시설

전원주택에 사는 어르신들에게 가장 불편한 것이 가까운 곳에 큰 병원이 많지 않다는 것이다. 이것은 젊은 가족에게도 큰 단점이다. 지방일수록 분만이 가능한 산부인과를 찾기가 어렵다. 아이들을 키우는 가정이라면 학교나 학원의 입지 조건도 사전에 파악해야 한다. 유치원, 초등학교는 근처에 있다고 해도 중학교, 고등학교가 멀 수 있다. 학교 외에 아이가 다닐만한 예체능학원이나 교과학원과의 거리와 학원 버스의 승차 여부도 꼭 따져야 한다. 매일 몇 번씩 아이를 자가용에 태우고 학교, 학원에 다니다 보면 행복해야 할 전원생활이 고행이 될 수 있다.

주변 시설

실제로 현장에 가서 살펴보는 임장을 통해 일차적으로는 마을 분위기와 도로 상태 등을 확인해야 하며, 그 외에도 인근에 혐오 시설들이 있는지 확인해야 한다.

축사 : 전원 지역의 대표적인 혐오 시설은 축사이다. 가축의 분뇨로 인한 냄새는 상상을 초월한다. 바람이 불면 심하게는 몇백 미터 떨어진 곳에서도 냄새가 난다. 축사가 없더라도 마을 주민들이 집에서 키우는 가축의 분뇨 냄새 역시 견디기 힘들 수 있다. 전원 특유의 거름 냄새, 축사 냄새로 인한 불편함이 예상된다면 직접 여러 차례 토지 주변에 가서 확인해야 한다.

대단위 밭작물 재배지 : 농번기 거름을 주는 시기에도 직접 현장에 가서 거름 냄새가 적응할 수 있는 수준인지 아닌지 확인하는 것이 좋다. 냄새는 소음과 달리 24시간 내내 나기 때문이다. 거름을 많이 주어 농사를 짓는 지역이라면 봄철 온 동네에 거름 냄새가 심하게 나는데, 이러한 지역인지 아닌지는 다른 계절에는 알 길이 없으니 꼭 봄에 직접 현장을 답사하여 확인해야 한다.

제조 공장 : 또 하나의 대표적인 유해시설이 수도권 곳곳에 있는 제조 공장이다. 보통 공장에서 나는 시큼한 냄새는 유기 화합물, 산성이 높은 물질로 공기 중에 퍼져있어 기준치를 넘는 경우가 거의 없다. 시도청에 민원을 넣어도 기준치 이하라서 괜찮다는 답변만 듣게 될 뿐이다. 그러나 기준치 이하라도 냄새는 느끼게 되므로 이로 인해 고통스러워하는 사람이 많다. 따라서 근처에 화학약품을 사용하는 제조 공장이 있는지 꼭 확인하도록 한다.

묘지 : 내 집 앞마당이나 테라스 뷰에 공동묘지나 눈에 띄는 묘지가 있다면 그다지 환영할 만한 뷰는 아닐 것이다. 묘지의 유무는 위성사진으로 정확히 확인하기 어려우니 직접 가서 살펴보는 것이 좋다.

땅을 보러 다닐 때 이러한 여러 사항을 일일이 다 점검하는 것은 꽤 번거로운 일이다. 어떤 땅은 전망이나 느낌이 너무 좋아서 '정말 이건 내 땅이다!'라는 느낌에 바로 계약하고 싶은 충동을 느낄 수도 있다. 그러나 전원주택 부지는 절대 바로 계약해서는 안된다. 마음에 드는 토지를 만났다고 해도 바로 계약을 하기보다는 일단 한발 물러서서 객관적으로 바라보고 제삼자의 눈으로 평가해보자.

또한, 지방의 땅을 보러 간다면 미리 지역 부동산과 수수료 협상을 하고 현장을 둘러보기를 권한다. 지방은 도시와는 달리 법정 수수료를 받지 않고 관행적인 수수료를 받는 경우가 대부분이라 많게는 2%까지 요구하기도 한다. 보통 지방에서 부동산을 하는 사람들은 그 지역에 오래 살았거나 영향력을 가진 원주민인 경우가 많다. 이런 사람들과 분쟁을 벌이면 나중에 건축할 때 공사를 방해하는 요인이 될 수도 있고, 텃세의 시발점이 될 수도 있다. 따라서 법정 수수료를 기준으로 하기보다는 자금이 부족하다는 것을 먼저 애기하고 양해를 구하는 식으로 수수료를 협상하는 것이 관계를 잘 맺는 요령이다.

(2) 용도지역 구분에 따른 건축의 건폐율(%)과 용적률(%)

수익형 부동산의 경우 용적률(대지면적에 대한 건축물 연면적의 비율)에 따라서 수익률이 크게 달라진다. 연면적은 지하를 제외한 바닥 면적의 합이므로 용적률이 높을수록 건물을 여러 층으로 지을 수 있다. 그래서 토지 비용이 비싼 지역에서는 용적률에 따라 토지 가격도 다르다. 그러나 전원주택을 지어서 한 가구 또는 두세 가구가 산다고 하면 용적률보다는 건폐율(대지면적에 대한 건축면적의 비율)이 중요하다. 예로 자연녹지지역과 같이 건폐율이 20%인 땅에 건축하면 토지가 100평 이상은 되어야 1층 바닥 면적이 20평 정도인 주택을 지을 수 있으나 건폐율이 40%인 계획관리지역이라면 토지가 70평이어도 1층 바닥 면적이 28평인 주택을 지을 수 있다. 즉 건폐율에 따라 건축 면적이 달라지니 사전에 확인해야 한다.

건폐율이 높은 경우 한 채를 크게 짓기보다는 작은 평수의 본채와 별채, 두 채로 건축하는 것이 유리하다. 예를 들어 전원주택을 지을 때도 손님을 고려하여 무조건

30평 이상으로 설계하는 것이 아니라 은퇴한 부부가 살기 좋은 크기인 18평 내외의 본채를 짓고 따로 6평 정도의 별채를 지어서 손님이 올 때만 사용하면 겨울철 난방비 절감에도 도움이 되고 손님의 프라이버시도 보장되기 때문에 장점이 많다. 또한 주변에 관광지가 있는 경우 별체를 민박으로 활용할 수도 있고, 농촌 지역에 있는 경우 농가 민박을 신청하여 부수입을 올릴 수도 있다.

용도지역 구분				건폐율	용적율
도시지역	주거지역	전용주거지역	제1종 전용주거지역	50% 이하	50~100% 이하
			제2종 전용주거지역	50% 이하	100~150% 이하
		일반주거지역	제1종 전용주거지역	60% 이하	100~200% 이하
			제2종 전용주거지역	60% 이하	150~250% 이하
			제3종 전용주거지역	50% 이하	200~300% 이하
		준주거지역		70% 이하	200~500% 이하
	상업지역	중심상업지역		90% 이하	400~1500% 이하
		일반상업지역		80% 이하	300~1300% 이하
		근린상업지역		70% 이하	200~900% 이하
		유흥상업지역		80% 이하	200~1100% 이하
	공업지역	전용공업지역		70% 이하	150~300% 이하
		일반공업지역		70% 이하	200~350% 이하
		준공업지역		70% 이하	200~400% 이하
	녹지지역	보전녹지지역		20% 이하	50~80% 이하
		생산녹지지역		20% 이하	50~100% 이하
		자연녹지지역		20% 이하	50~100% 이하
관리지역	보전관리지역			20% 이하	50~80% 이하
	생산관리지역			20% 이하	50~80% 이하
	계획관리지역			40% 이하	50~100% 이하
농림지역				20% 이하	50~80% 이하
자연환경보전지역				20% 이하	50~80% 이하

3. 투자 관점에서 토지 선택하기
아파트만큼 자산가치가 상승하는 땅 고르는 법

우리나라 사람들의 재산에서 상당한 부분이 부동산이라는 것은 부정할 수 없는 사실이다. 2015년부터 오르기 시작한 부동산은 2021년까지 한 번도 하락하지 않고 지속해서 우상향하였다. 그 때문에 아파트를 벗어나 단독주택을 짓고자 하는 사람들의 가장 큰 고민은 단독주택의 자산가치 상승이 아파트에 비해 현저히 떨어져서 상대적 빈부 격차가 생기는 것이 아닌가 하는 것이다.

그런데 최근 들어 세계적인 경기 침체와 금리 인상의 여파로 인해 아파트 값이 하락하고 있다. 이렇게 아파트 값이 하락하더라도 토지는 완만한 상승세를 보이기 때문에 아파트 고점에서는 토지 투자를 권장한다. 토지 지분이 많은 단독주택은 그런 면에서 경제적 가치가 충분하다. 또한 자산 하락의 시대에는 삶의 만족도가 높은 단독주택으로 시선을 돌리는 것도 방법이다.

이러한 현실을 반영하듯 단독주택의 인기가 높아지면서 토지 매물도 급격히 줄어들고 있다. 아파트와 동일한 인프라를 누릴 수 있는 신도시 택지지구의 경우, 아파트 못지않게 투자가치가 있고 토지의 가격이 지속 상승하면서 건물의 감가를 상쇄하여 전체 단독주택 가격이 우상향하는 특징을 보인다. 토지 가격이 높은 지역일수록 이러한 현상이 두드러진다.

현실적으로 전국 방방곡곡을 돌아다니며 임장을 하기는 어렵다. 하지만 토지 시장과 관련한 애플리케이션이 계속 발전하고 있으므로 '땅야'와 같은 부동산 앱 한 두 개만 매일 들여다봐도 토지 매입 후보지를 고르기 쉽다. 지도 중심으로 실거래 가 검색도 가능하고 연도별 거래가와 매물 호가를 같이 비교하면서 토지의 상승을 예측할 수도 있기 때문이다.

(1) 인구가 증가하는 토지는 오른다

대한민국 전체를 놓고 보면 이미 지방은 인구가 본격적으로 줄어들고 있으며, 대 도시 중심으로만 인구가 증가하고 있다. 하지만 도심은 단독주택을 지을 만한 토지 가 거의 없고, 구옥을 허물고 신축을 하게 되면 여러 문제가 따른다. 또한 구도심의 경우 주변 환경이 열악한 경우가 많다.

따라서 단독주택을 지을 때 가장 좋은 환경은 대도시 외곽에 신규로 조성되는 택 지를 선택하거나 도시와 접근성이 좋은 전원에 토지를 구하는 것이다. 이러한 곳 중에서 인구가 증가하는 지역을 선택한다면 향후 지가 상승이 충분히 가능하다.

(2) 국토개발 프로젝트를 확인하자

가장 먼저 해야 할 것은 이미 계획되어 추진 중인 국토개발 프로젝트를 중심으로 거시적으로 인구의 유입 지역을 구분해보는 것이다. 그 후, 나의 주 생활 권역에서 주요 호재가 있는 지역으로 택지를 직접 알아보는 것이 좋다.

100~101쪽에 실은 표는 전국 지역별 국토개발 프로젝트이다. 이러한 큰 프로젝트를 보고 우리 가족의 생활 권역과 관련된 지역의 택지지구 또는 대지를 알아보는 것이 향후 지가가 오르는 지역을 선택하는 거시적 기준이다. 그런 다음 직주 근접(직장과 주거지와의 거리)과 교통 호재를 중심으로 더 좁은 구역을 선정하여 택지를 알아보면 된다.

국토개발계획은 크게는 국토교통부 홈페이지(www.molit.go.kr)의 정책정보를 통해서 확인할 수 있다. 그리고 각 지구단위 개발 계획이나 토지분양 정보는 LH공사(www.lh.or.kr), GH공사(www.gh.or.kr) 홈페이지를 통해 공고하고 청약 홈페이지를 통해 분양 신청을 받고 있으니 내가 관심을 갖고 있는 지역이 정해지면 지속적으로 공고를 모니터링하며 살펴야 한다.

청약 홈페이지에 토지 분양 공고가 뜨면 입찰 준비를 해야 한다. 최근 분양 방법은 과거와 같은 추첨제와 경쟁입찰을 통한 분양으로 구분된다. 추첨제는 각 필지당 공급 가격을 공지하고 분양 신청자들을 대상으로 추첨하여 낙찰자를 선정하는 방법이다. 경쟁률이 높을수록 당첨될 확률이 낮아지지만 향후 지가 상승으로 인한 매수이익을 기대하기 좋다. 경쟁입찰은 토지 매입을 하고자 하는 사람들이 원하는 택지에 입찰 가격을 써넣고 입찰 기일이 되면 최고가격을 써넣은 입찰자에게 낙찰하는 형태다. 따라서 냉정한 입지 분석과 입찰 가격 제출이 필요하다. 무조건 낙찰을 받기 위해서 높은 가격을 써냈다가 나중에 형성되는 시세보다 높은 가격으로 토지를 구입하는 경우도 적지 않다. 따라서 경쟁입찰에 참여하려면 주변 토지 가격과 사업지구 내 적정 토지 가격을 산정하기 위한 철저한 사전 조사와 분석이 필수다.

공고가 나면 직접 현장을 찾아가서 주변 환경이나 개발 계획을 둘러보자. 바로 당첨이 안 되더라도 보증금을 넣고 분양 신청을 해보는 것도 좋은 경험이 된다. 또한 이미 분양이 마감된 지역이나 택지라 하더라도 매도자가 있을 수 있으니 마음에 드는 지역이라면 인근 부동산을 통해 지속적으로 매물을 확인해야 한다. 실수요자 입장에서는 일정 금액의 프리미엄을 주더라도 좋은 필지를 구입하는 것이 낫기 때문이다. 나 역시 현재 주택을 지은 택지를 원 분양자에게 시세 차익만큼 가격을 올려주고 매입하였다. 물론 당연히 2012년 분양가보다는 오른 금액으로 매입했지만 향후 추가적인 지가 상승이 충분히 기대되어 평소 눈여겨보던 입지였기에 빠른 판단을 할 수 있었다.

세부적인 개발 프로젝트는 해당 지자체 홈페이지에서도 확인이 가능하다. 예를 들어 용인시청 홈페이지를 통해서 용인시 개발 계획과 중점 개발 지구인 용인플랫폼시티 정보를 확인할 수 있다.

눈여겨 볼 지자체 홈페이지
용인시청(www.yongin.go.kr)
광주시청(www.gjcity.go.kr)
인천시청(www.incheon.go.kr)
수원시청(www.suwon.go.kr)
성남시청(www.seongnam.go.kr)
3기신도시(www.3기신도시.kr)
고양도시관리공사(www.gys.or.kr)
남양주도시공사(www.ncuc.or.kr)
부천도시공사(open.best.or.kr)

2022 주요 국토 개발 프로젝트

구분	주요 변동 사유
서울	국제교류복합지구·영동대로 통합개발(강남), 수서역세권 복합개발(강남), 연무장길·서울숲 상권 활성화(성동), 양재RNDC사업(서초) 등
부산	북항재개발(중구), 신민공원개발·전포카페거리 활성화(부산진), 해운대관광리조트개발(해운대구), 일광역세권개발(기장)
대구	삼덕 공원개발(수성), 주택 정비사업(중구 달성지구, 남산2-2지구, 남산4-4지구, 연경지구개발, 대구외곽순환고속도로건설(북구) 등
인천	산곡·부개동 도시정비사업(부평), 구월·서창2·논현 택지지구 성숙(남동), 송도역세권·동춘1,2구역 도시개발사업(연수) 등
광주	에너지밸리산업단지(남구), 송정상권 활성화, 광주송정역 복합환승센터 시범사업(광산), 도심 정비사업(동구) 등
대전	광역복합환승센터개발(유성), 남한제지도시개발사업(대덕), 용문1,2,3구역, 탄방1구역정비사업(서구), 선화·용두·목동 정비사업(중구) 등
울산	GW산업단지 개발(울주), 테크노산업단지 준공(남구), 혁신도시 성숙, 태화강 정원 인근 상권 활성화, 다운2공공주택지구 개발사업(중구) 등
세종	서울-세종 간 고속도로, 조치원 서북부 도시개발사업, 산업단지조성사업(스마트그린, 세종첨단, 벤처밸리), 세종스마트 국가산업단지 추진 등
경기	지식정보타운(과천), 평촌스마트스퀘어(안양), 제2외곽순환도로(남양주), 성남구도심정비사업(성남), 용인플랫폼시티(용인)
강원	교통체계개선(강릉), 관광수요·레저스포츠 활성화(양양), 귀농·전원주택 등 수요증가(영월)

충북	전원주택·펜션 수요(옥천), 동남·방서지구 개발, 카페거리 활성화(청주상당), 청주현도 공공개발, 모충2구역 정비사업(청주서원) 등
충남	대전-복수 광역도로(금산), 불당지구 성숙, 업성수변생태공원 조성(천안서북), 아산탕정지구 성숙 및 주변개발(아산) 등
전북	농어촌 임대주택 건립, 전원주택 수요(장수), 홍삼·한방·아토피케어특구사업 (진안), 장류밸리 조성사업· 제2풍산농공단지 조성사업(순창) 등
전남	첨단문화복합단지(담양), 경도해양단지 개발사업(여수), 화양-고흥간 연륙도로 개설공사(여수), 순천왕지2도시개발·첨단산업조성(순천) 등
경북	일주도로 개통·울릉공항 계획(울릉), 삼국유사 가온누리 조성사업(군위), 렌츠런파크 조성(영천), 대구-영천 철도복선화(영천) 등
경남	바다케이블카장(사천), 울산-함양 고속국도(창녕), 힐링빌리지 조성(남해), 화개장터 관광수요(하동) 등
제주	제2공항 기대감(서귀포), 신화역사공원·영어교육도시 인구 유입(서귀포), 화북상업지역 도시개발(제주), 유입인구 증가·기반시설 확충 등

저자 블로그에서 최신 정보를 확인하세요

4. 유망한 수도권 택지지구

가치 상승과 편리함이 예상되는 택지지구

3기 신도시 전용주거지역 택지

3기 신도시는 모두 9개 지역이 조성 예정지로 되어 있고, 2021년 상반기에 공공주택(아파트)이 사전 청약에 들어간 상태이다. 전체적인 사업 완료는 2028년에서 2029년 사이로 예정되어 있다. 3기 신도시는 공공주택(아파트)을 위주로 조성될 예정이나 이주자택지 및 전용주거지역으로 구성된 단독주택 택지지구 등이 조화롭게 조성되어 신도시 인프라를 누리면서 단독주택 라이프를 누리고 싶은 수요를 맞출 것으로 보인다.

3기 신도시의 전용주거지역 택지는 LH공사 홈페이지를 통해서 택지 분양 공고가 뜨기 때문에 분양 공고를 지속해서 모니터링하여 청약 접수하는 것이 가장 좋은 방법이다. 이주자택지의 경우 일반 분양이 없으므로 이주자택지 권리를 가지고 있는 이주자가 부동산에 거래를 희망하는 물건을 내놓은 것을 잘 흥정하여 매입해야 한다. 아직 토지이용계획이 구체적이지 않기 때문에 지구 구성이 어떻게 되고 단독주택 필지가 어떻게 분양될지는 결정되지 않았지만 이른 시일 내에 결정될 것으로 예상되므로 미리 자신에게 필요한 위치의 택지를 알아보고 정보를 수집하기를 권한다. 3기 신도시 홈페이지(www.3기신도시.kr)에서 관련 정보를 확인할 수 있다.

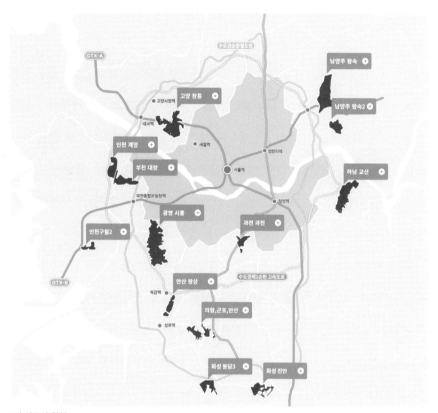

3기 신도시 위치

지구명	남양주		하남 교산	인천 계양	고양 창릉	부천 대장	광명 시흥	의왕·군포·안산	화성 진안
	왕숙	왕숙2							
면적	865만㎡	239만㎡	631만㎡	333만㎡	789만㎡	342만㎡	1,271만㎡	586만㎡	452만㎡
호수	5만4천 호	1만4천 호	3만3천 호	1만7천 호	3만8천 호	2만 호	7만 호	4만1천 호	2만9천 호

용인 처인구 원삼면

용인 처인구 원삼면은 대표적인 인구 유입 호재인 SK하이닉스 반도체 공장 신설이 예정된 지역이다. 이미 토지 지가가 많이 상승했지만 본격적으로 공장이 건설되고 운영되는 시점이 오면 다시 상승할 가능성이 크다. 이 지역은 앞으로 많은 인구 유입이 예상되며 이를 수용할 수 있는 대단지 아파트를 신축할 수 있는 토지도 풍부하기 때문이다. 토지거래 허가구역이지만 실거주 목적의 거래는 가능하므로 좋은 토지만 만난다면 미래 가치가 충분하다고 볼 수 있다.

원삼면사무소 소재지를 중심으로 한 도심지도 좋은 입지이나 구도심의 이미지를 벗기에는 복잡하고 어지러운 환경이다. 자연을 누리고 한적하고 여유로운 전원주택 생활을 누리기 위해서는 두창리, 문촌리, 고당리, 가제월리, 미평리, 맹리에서 단독주택 건축이 가능한 토지를 알아보는 것을 권한다. 기존에도 두창초등학교(혁신초등학교) 주변으로 전원주택 단지들이 조성되었으며, 두창저수지나 용담저수지 주변으로도 자연경관이 수려한 토지에 전원주택들이 들어서고 있다.

지도에서 확인할 수 있듯이 SK하이닉스 반도체 공장 부지를 중심으로 협력업체가 들어설 예정이며 공동주택과 지원시설이 들어서면 많은 인구 유입이 예상된다. 또한 그 옆으로 세종-포천 고속도로 원삼 IC가 2023년 개통을 목표로 건설 중이다. 이 도로가 개통되면 위례나 서울 북부까지 빠르게 진입할 수 있다.

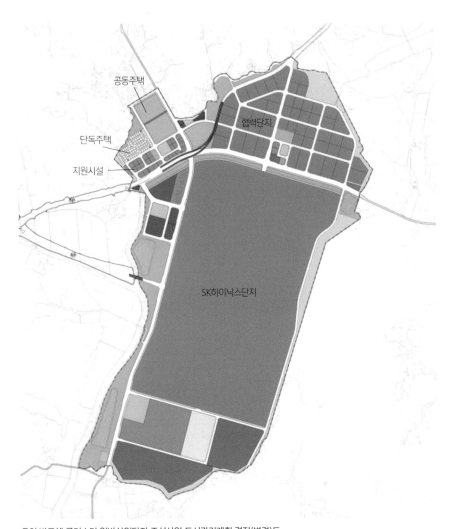

공동주택

단독주택

지원시설

협력단지

SK하이닉스단지

용인 반도체 클러스터 일반산업단지 조성사업 도시관리계획 결정(변경)도

위 치 : 용인시 처인구 원삼면 죽능리, 독성리, 고당리 일원

면 적 : 4,147,499㎡

사 업 비 : 약 1조 7,903억 원(단지 외 기반시설 제외)

준용사업 : 지구 외 도로(157,892㎡)

개발기간 : 2021년 3월 29일 ~ 2024년 12월 31일

용인 기흥구

2022년 현재 GTX A노선 용인역(구성역)을 중심으로 용인플랫폼시티 사업계획이 발표되었다. 예정과는 달리 GTX 용인역을 도보로 이용할 수 있는 역세권 복합용지 서측부지에 단독주택지구가 포함되면서 가치가 높아질 것으로 보인다. 역세권 복합용지에 들어오는 만큼 주변의 많은 문화 편의 시설을 이용하기 좋고, 도보 거리에 첨단지식산업 용지가 있고 바로 옆에 위치한 플랫폼파크(근린공원)도 이용할 수 있어 주거지역의 가치가 높아질 것으로 기대되는 지역이다.

이 택지지구는 기존 전용주거지역에서 일반주거지역으로 변경되어 점포겸용 주택도 가능한 용지가 되었다. 설계를 잘하면 수익형 상가주택을 지을 수 있는 지정학적 위치가 된 것이다. 이곳은 또한 이미 인프라가 모두 갖춰진 광교신도시와 3km 거리로 근접해 있기 때문에 입주 초반 기반시설이 다 들어오기 전에도 광교신도시의 다양한 시설을 이용할 수 있다.

미래 가치 향상이 가장 기대되는 지역으로 2023년에 분양 공고가 예상되므로 관심이 있다면 GH공사 토지 분양 공고를 지속적으로 확인하도록 하자.

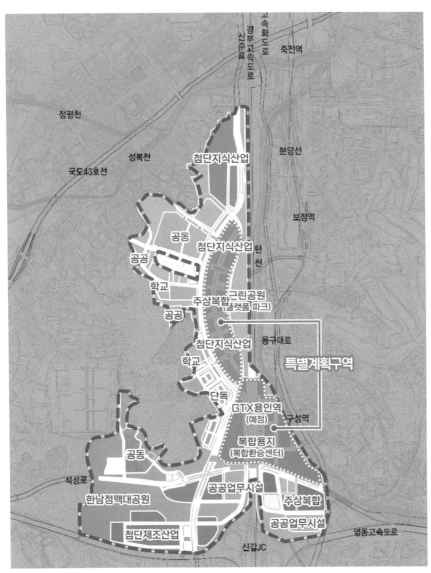

용인플랫폼시티 도시개발사업 개발계획 토지이용계획도(2022년 3월 배포)

용인 수지구

용서고속도로를 통한 강남 접근성이 좋아서 꾸준히 인구가 유입되는 지역이다. 최근 서울 주택 가격 상승으로 서울에서의 이주 수요도 많이 발생하고 있고, 지가도 꾸준히 상승하고 있다. 현재도 신봉동, 성복동을 중심으로 택지지구들이 개발되고 있어서 단독주택(전원주택)을 짓기에도 유망한 지역이다.

이미 택지지구가 활성화되어 있어서 매물이 많지는 않지만, 인근 부동산을 통해 거래가 간간이 이루어지고 있으니 시간과 여유를 가지고 찾다 보면 입지가 좋은 매물을 만날 수 있을 것이다. 특히 이 지역은 전원주택의 환경을 가지고 있으면서도 수지의 좋은 학군을 이용할 수 있기 때문에 학교에 다니는 자녀가 있는 가족에게 최적의 장소라고 할 수 있다. 승용차로 5~10분 거리에 좋은 초·중·고등학교가 있고, 10분 거리에 수지구청 학원가가 있어서 마을버스를 타고 한번에 이동할 수 있다.

용인 동백지구

2010년을 전후로 많은 택지가 개발되어 공급되고 있는 지역이다. 아파트 단지와 상업 시설이 발달하여 생활 인프라가 잘 갖춰져 있으며 최근 동백 세브란스병원이 문을 열면서 나이 드신 분들이 살기에도 좋은 여건이 되었다. 단 이미 오래전에 조성된 택지이기 때문에 토지 매물이 한두 건 정도로 적고 평당 가격도 꽤 비싸다. 그러나 미래 가치를 생각하거나 노후에도 질 높은 의료 복지를 누리고 싶다면 고려해도 좋은 지역이다.

동탄 2신도시

녹지가 약 28%로 2기 신도시 중 녹지 비율이 가장 높은 신도시이다. 녹지가 많은 만큼 곳곳에 공원이 있어 쾌적한 생활환경이 조성되어 있다. 또한 현재 신도시 아파트 공급률이 90%에 육박할 정도로 사업이 진행되어 공사 소음 및 분진에 대한 우려도 덜한 지역이다. 주변에 중소기업들이 많고 GTX 동탄역이 개통되어 서울에서 유입되는 인구도 증가하고 있으므로 미래 가치가 충분하다.

전용주거지역이 두 곳 있는데, 호수공원 옆에 조성된 지역은 공원이 도보권이며 공원 주변으로 상가주택 지역과 주상복합 아파트가 있어 도보로 편의 시설을 이용할 수 있는 입지이다. 왕배산 옆 전용주거지역은 왕배푸른숲도서관과 초등학교, 고등학교, 학원가가 도보권에 있어 교육 환경이 좋다.

주변에 대단지 아파트가 있어 아파트에 사는 것과 동일한 생활 인프라를 누릴 수 있는 것이 큰 장점으로, 최근 동탄 2신도시의 아파트 가격 상승과 더불어 단독주택 택지의 지가 상승도 가파르게 이루어지고 있다.

용인 흥덕지구, 광교 신도시

신도시 조성과 함께 단독주택 택지지구도 같이 개발되어 순간 인구 유입이 많은 지역이다. 주변에 도로와 공원, 교육기관 등 인프라가 잘 갖춰져 있어서 신도시급 생활환경이 보장된다. 다만 최근 지가 급등으로 인해 토지 매입 비용이 많이 드는 것이 단점이지만 주변에 지속적으로 인구가 유입되고 있고 같은 생활권의 아파트 가격이 가파르게 상승하고 있어서 단독주택 택지의 가격도 꾸준히 상승할 것으로 예측되는 지역이다. 토지 매입이 힘든 지역이므로 인근 부동산 중개사무소를 통해 매매로 나온 토지가 있는지 수시로 확인해야 한다.

성남 판교

부촌의 이미지가 확고한 성남 판교는 자금에 여유가 있다면 1순위로 추천할 만한 지역이다. 신도시 조성 시 많은 단독주택 택지를 계획에 포함하여 그간 꾸준히 단독주택이 지어져왔으며 현재 90% 이상의 택지에 건축이 완료된 상황이다. 최근 아파트의 상승 못지않게 단독주택의 지가도 상승하여 웬만한 자금으로는 들어가기 어려운 수준까지 올랐으나 판교 신도시의 우수한 입지 조건과 인프라 덕분에 앞으로 오랫동안 가치가 추가 상승할 것으로 예상된다. 단, 이 지역도 매물이 거의 없고 간간이 한두 필지가 부동산에 나오므로 지속적인 관심을 가지고 알아봐야 한다.

성남 분당 구미동

1기 신도시 조성 시 외곽에 만든 단독주택(전원주택) 지구이다. 이미 95% 이상이 건축되어 생활환경이 안정된 동네이기도 하다. 근처에 서울대 분당병원이 있고 양재천 수변공원을 이용할 수 있어서 도심이지만 풍부한 녹지와 편의 시설을 누릴 수 있다. 강남 다음으로 좋다는 분당 학군도 있어 나이 든 어른이 있는 가족뿐만 아니라 어린 자녀가 있는 가족에게도 최고의 입지이다. 하지만 여기도 택지 매물이 많지 않고, 간혹 나오는 매물도 상당한 고가이기에 자금 여유가 있어야 한다.

성남 고기동

오래전부터 고기동 계곡을 중심으로 전원주택이 조성되었고 타운하우스와 전원풍 상점, 맛집, 카페들이 즐비한 곳이다. 용서고속도로와 인접하여 강남 접근성이 우수하고, 판교, 분당과도 가깝다. 특히 판교 대장지구 아파트가 입주를 시작하면서 도시가스도 공급되고 있다. 전원주택에 있어 도시가스 공급은 큰 호재 중의 하나이다. 판교의 인프라를 같이 공유하면서 판교보다 저렴한 토지를 찾는 사람에게는 좋은 위치라고 판단된다.

최근 수요자의 증가로 토지 매물이 많이 감소하여 여기도 토지를 구하기 어려운 상황이다. 미리 입지를 확인하고 인근 부동산 중개사무소를 통해서 정보를 얻어야 한다. 또한 이 지역은 자연녹지가 많아서 대부분 건폐율이 20%이므로 단독주택 건축을 위해 필요한 토지 면적이 넓다는 것을 염두에 두고 토지를 알아봐야 한다.

인천 청라지구

비교적 최근에 조성된 인천 청라지구 단독주택 지역은 계획된 지구답게 도로, 주차, 생활 인프라가 잘 되어있다. 특히 필지 사이사이에 조성된 공공 주차 공간은 집에 손님이 오거나 각종 서비스 업체 방문 시에 편리하다. 또 청라 수변공원과 연결되어있어 넓은 공원 인프라를 그대로 누릴 수 있는 것도 큰 장점이다.

인구가 꾸준히 유입되고 있으며 주변 아파트가 잘 조성되어 인천 권역이 생활권인 분에게 매우 좋은 택지지구이다.

이 외에도 단독주택 택지에 대한 정보는 계속 업데이트되니 최신 정보를 꾸준히 확인해야 한다. 내가 운영 중인 블로그를 통해서도 업데이트된 정보를 확인할 수 있다.

블로그에서 최신 택지지구 정보를 확인하세요

도로 인프라가 잘 갖춰진 인천 청라지구 단독주택 지역

청라지구의 경우 필지 사이사이에 공공 주차 공간이 조성되어 있다.

집 설계하기

집 설계는 내 집 짓기에 있어 가장 행복한 시간이다. 꼼꼼한 계획이 필수이니 설계 과정을 서두르기보다는 천천히 즐겨야 한다. 우리 가족이 원하는 집에 관한 생각을 구체화하는 과정은 토지를 매입하기 전에 하는 것이 좋으며, 이후 설계 과정이 진행될 때는 꼼꼼히 도면을 확인하도록 한다.

이 책을 읽는 독자 대부분이 직접 집을 지어본 적이 없을 것이다. 나 역시 초등학교 5학년 때 부모님이 서울에서 다가구주택을 신축하는 것을 어린 시선으로 옆에서 지켜본 기억이 다였다. 따라서 내 집을 직접 짓는다는 것은 아무리 평상시 관심이 있다 하더라도 매우 낯설고 새로운 영역의 세계였다. 시중에 출간된 수많은 건축 관련 책을 탐독하고, 여러 웹사이트와 유튜브를 보며 이런저런 정보를 수집했으나 조각 지식만 쌓일 뿐 전체적인 그림이 그려지지 않았다. 그러나 내 집 짓기를 결심한 후 오랫동안 지금껏 살아온 아파트에서의 삶에서 불편한 점, 내 집에 있었으면 좋겠는 점을 구체적으로 생각하기 시작했다.

아이들이 원하는 집은 어떤 집일지, 아내가 원하는 집은 어떤 집일지에 대한 생각은 자연스럽게 우리 가족의 라이프스타일에 대한 고민으로 이어졌다. 일반적인 아파트는 집의 중심이 거실이다 보니 가족 구성원이 모두 거실에서 TV를 바라보며 생활하게 되는 경우가 많다. 또한 주방과 거실이 연결된 구조가 많아서 주부들은 집에 있는 시간 내내 일하는 느낌을 받을 수밖에 없다. 집의 큰 비중이 공용 공간이다 보니 아내만의 공간이 없어 하루종일 집에 있지만 정작 맘 편히 쉬기가 어렵다고 했다.

내가 지은 단독주택은 옷에 몸을 맞추는 기성복이 아니라 내 몸에 맞추어 옷을 짓는 맞춤복과 같다. 획일화된 구성의 아파트가 아니라 우리 가족의 라이프스타일을 담은 집이 바로 그것이다. 물론 아파트도 나만의 스타일로 인테리어를 하고 독창적으로 살 수 있다. 그러나 실내 공간뿐만 아니라 하늘과 땅을 어우르는 모든 공간을 내 마음대로 꾸미고 산다는 건 일생에 있어 아주 특별한 재미이자 보람이다. 내 경우 3대가 어울려서 살 집이다 보니 가장 우선에 둔 것은 가족 구성원 각자가 편히 쉴 수 있는 개인 공간을 마련하는 것이었다. 또한 언젠가 집을 매매할 것을 염두에 두고 공간의 가변성을 확보하고자 했다.

집 짓기의 첫 시작은 이처럼 내가 원하는 집의 모양을 그리는 것이다. 그리고 1인 가구가 아니라면, 이렇게 공간을 설계하는 기획 과정은 함께 사는 가족과 공유하는 것이 좋다. 그래야만 가족 모두가 행복한 공간을 만들 수 있다.

1. 집 짓기는 가족회의로 결정하라
현실과 타협하는 기준이 되는 가족회의록

가족회의는 단독주택 또는 전원주택에서 살기 위해서 가장 먼저 해야 할 중요한 과정이다. 대부분 예산 규모를 정한 후 바로 세부 계획 단계로 넘어가는데, 가족과 대화를 나누면서 단독주택 짓기에 대해 합의를 해야 나중에 세부 계획을 수립하는 과정에서 일어나는 충돌을 줄일 수 있다.

어떤 사람은 전체 기획도 하기 전에 가족과 협의를 하는 경우도 있는데 이것도 좋지 않다. 그냥 "우리 단독주택 짓고 이사할까?" 하고 폭탄 제안을 하면 반대에 부딪히기에 십상이다. 적어도 단독주택으로 이사하려는 동기와 대략적인 집의 형태, 크기, 예산 정도는 세우고 이야기를 풀어나가야 동의를 얻기 쉽다. 만약 첫 회의에서 단독주택에서 살고 싶다는 의견에 대해 부정적인 가족이 있다면 그 이유를 충분히 듣고 서로의 의견에 대해서 생각할 수 있는 시간을 가진 후 다음 회의를 해야 한다.

가족회의에서 제일 중요한 것은 가족 구성원 모두의 솔직한 의견을 듣는 것이다. 나이와 상관없이 자녀와 배우자, 같이 사는, 혹은 같이 살지도 모르는 부모님의 의견을 일일이 듣다 보면 지금 우리가 사는 보금자리가 어떤 면에서 불편한지, 어떤 면이 만족스러운지 알 수 있고, 이후 공간을 설계할 때 큰 도움이 된다.

회의 전에는 미리 진행에 필요한 간단한 질문을 준비해두고, 화이트보드 또는 큰 스케치북을 준비하여 기록을 남기는 것이 좋다. 서로의 요청을 쓰다 보면 추후 요구가 상충하여 조율해야 하는 상황이 올 수 있기 때문이다. 어린아이가 있는 집이라면 이런 회의를 통해 상상력이 가득 담긴 공간이 탄생하기도 한다. 회의 말미에는 서로가 원하는 공간과 구성을 토대로 직접 공간을 그려보고 그 그림을 토대로 이런 공간이 생기면 어떻게 생활할 것인지에 대해서도 이야기를 나누면 좋다.

이렇게 만든 가족회의록은 현실과 타협하는 기준이 되기도 한다. 시공 과정에서는 무수한 선택의 순간을 맞이하게 되는데 가족들의 의견과 생각을 알고 있으면 절충이 쉬워지고 보다 현명한 선택을 할 수 있다.

나 역시 집 짓기에 대한 고민을 시작할 때 가족회의를 열어 단독주택 짓기를 함께 결정했다. 그런 뒤에 가족의 걱정을 해결할 수 있으면서 가지고 있는 예산에서 살 수 있는 토지를 찾기 위한 탐색을 시작하였다. 부동산 앱과 지도를 통해 후보 지역을 고른 후 주말이면 놀이 삼아 임장을 가서 동네 분위기를 살폈고, 학교, 학원, 지하철, 공원, 마트와 같은 시설들은 직접 현장에서 도보로 이동하면서 거리를 파악하였다. 그러면서 왜 많은 부동산 전문가들이 직접 임장을 가보라고 하는지 몸으로 체감할 수 있었다. 인터넷 지도 서비스에서 로드뷰까지 꼼꼼히 살펴봤어도 직접 가보면 그 느낌이 완전히 달랐다.

그렇게 가족과 함께 결정한 곳에 가족의 의견과 생각을 모아 지은 집이기에 집에 대한 만족도가 남다를 수밖에 없다.

가족회의를 통한 토지 매입 과정

엄마 : 단독주택이 나쁘지는 않지만, 시골의 전원주택처럼 너무 외진 곳이 아니라 도심이 면서 생활환경이 좋은 데면 좋겠다. 학교와 학원이 가까워서 통학에 문제가 없으면 좋겠고 치안도 문제가 없어야 한다. 마트도 멀지 않았으면 좋겠다. 운전이 서툴러서 협소한 골목이 면 문제가 되니 집 앞 도로가 좁지 않으면 좋겠다. 전용 주차장은 필수고 단열이 잘돼서 덥고 춥지 않으면 좋겠다. 주방은 메인과 보조 주방으로 나뉘면 좋겠다. 아이들이 모여서 공부하는 북카페가 있으면 좋겠다. 마당은 크지 않아도 꼭 있으면 하고 프라이버시가 보호되게 중정 형태면 좋겠다.

큰아이(아들) : 아파트보다 단독주택이 좋지만 학교가 멀고 친구들하고 만나기 힘들면 싫다. 동생들과 따로 쓸 수 있는 방이 있으면 좋겠고 피규어 전시할 공간과 여동생들과 따로 쓰는 욕실이 있으면 좋겠다. 다락이 있으면 좋겠고, 넓은 마당에서 RC Car를 가지고 놀고 싶다.

둘째 아이(딸) : 아파트가 더 좋지만 내 방이 있으면 단독주택도 괜찮다. 방에서 플라잉 요가를 할 수 있고 예쁜 등이 있으면 좋겠다. 마당에서 뛰어놀면 좋겠고, 집 근처에 친구들과 놀 수 있는 놀이터가 있으면 좋겠다. 옥상이 있어서 밤에 하늘을 보면 좋겠다.

셋째 아이(아들) : 아파트나 단독주택이나 상관없다. 형이랑 따로 방을 쓰고 싶고, 내 침대가 있으면 좋겠다. 집에서 맘대로 뛰고 싶고 마당이 넓어서 뛰어다니면 좋겠다. 학교가 가깝고 놀이터가 옆에 있으면 좋겠다. 집에서 캠핑장처럼 불멍하면 좋겠다.

넷째 아이(딸) : 아파트와 단독주택 차이는 잘 모르겠다. 예쁜 침대가 있으면 좋겠고, 집에서 맘대로 놀면 좋겠다. 친구들을 초대해서 같이 놀고 싶고 여름에 마당에서 물놀이를 하면 좋겠다.

아빠 : 아이들에게 각방을 주고 싶고 부부만의 공간을 만들어 음악 감상도 하고 영화도 보면 좋겠다. 취미인 목공을 할 수 있는 공간이 있으면 좋겠다. 마당에서 바비큐도 하고 불멍도 하고 여름에는 텐트를 치고 집에서 캠핑을 즐기면 좋겠다. 회사에서 좀 멀어져도 한적한 전원에서 넓게 살면 좋겠다. 안방 욕실에 욕조가 있으면 좋겠고 방에 창이 많고 조망이 좋으면 좋겠다. 단독 차고가 있어서 차 관리를 남의 눈치를 안 보고 하면 좋겠다.

정말 다행이었던 것은 우리 가족 모두가 단독주택으로 이사하는 것에 대한 거부감이 없었다는 것이다. 살던 아파트에서 아래층 사람들에게 층간소음으로 항의를 많이 받아서 어른뿐 아니라 아이들도 스트레스를 많이 받고 있었고, 코로나로 인해 집에 있는 시간이 많다 보니 갑갑했던 것이다. 다만 그동안 아파트 단지 안에서 살다 보니 편의 시설이나 학교, 학원이 먼 외진 곳으로 이사할까 봐 걱정이었고, 옛날 추운 집에 살았던 경험 때문에 단열에 대한 걱정과 앞으로 중, 고등학생이 되는 아이들 학군을 걱정했다.

가족회의 후 부동산 앱과 지도를 보고 찾은 여러 매물을 아내에게 먼저 알린 뒤에 학군이나 편의시설과의 거리, 동네 평판을 같이 알아보면서 임장을 갈 토지를 선별하였다.

직접 주변 시설들을 현장에서 도보로 이동하면서 거리를 파악하고 동네 분위기를 살펴보다 보니 단독주택은 설계도 중요하지만 무엇보다 그 위치가 가장 중요하다는 걸 절실히 깨닫게 되었다.

몇 군데 토지를 보던 중 마음에 드는 토지가 있어서 그 토지를 사고자 살던 아파트를 매물로 내놓았다. 2020년 6월 당시 시세에 맞게 내놓았기 때문에 바로 그 주 주말에 매매 계약을 하게 되었다. 먼저 살던 아파트를 매도 계약하고 바로 토지 계약을 하기로 했는데 그 사이에 토지주의 마음이 바뀌어 계약하지 않겠다는 통보를 받았다. 가격을 맞춰주기로 했으니 당연히 계약할 수 있다고 생각했던 게 실수였다. 토지 매물은 대부분 여유 있게 투자 목적으로 보유하고 있는 경우가 많고, 대지의 경우 비사업용 토지로 양도세가 중과되기 때문에 부동산에 매매 가능한 가격을 확인해보고자 매물로 내놓았다가 계약을 희망하면 이런저런 이유로 매물을 거둬들이는 경우가 많다는 것을 간과한 것이다.

다행히 발 빠르게 더 마음에 드는 토지를 찾아서 매매 계약을 한 덕분에 전체 계획에 차질이 생기지는 않았다. 새로 찾은 토지는 아내와 아이들이 원하는 조건을 모두 충족하면서 생활 편의와 미래 가치 상승까지 기대할 수 있는 입지였다. 매매 계약 후 잔금까지도 아파트 잔금일 이후로 잡아서 문제 없이 토지를 매입하였다.

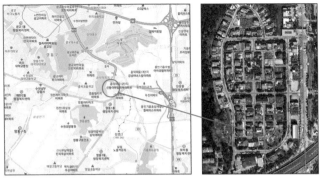

토지 정보를 지도에서 확인한 후 로드뷰로 살펴보고 임장 여부를 결정한다.

매입한 토지는 다음과 같은 입지를 가지고 있다.

– 신도시 흥덕 내 LH에서 조성한 택지지구(필지당 100~150평으로 고급주택단지 형성)

– 초등학교 도보 10분, 중학교 도보 15분, 고등학교 도보 18분

– 분당선 청명역 도보 15분, 앞으로 개통할 인동선 흥덕역 도보 15분

– 청명역에서 GTX 용인역(구성역)까지 11분(향후 삼성역까지 20분 내로 진입 가능)

– 이마트 흥덕지점 도보 18분(차량 5분), 홈플러스 차량 10분, 롯데마트 차량 10분 등

– 영흥공원 도보 5분, 광교호수공원 도보 25분(차량 10분)

– 집 앞 도로 8m 폭으로 여유 있음

– 용서고속도로 흥덕IC 차량 5분, 경부고속도로 신갈IC 차량 10분

  (강남 30분 내, 분당 및 판교 20분 내 접근 가능)

– 영통 학원가 차량 15분(버스 30분)

– 용인플랫폼시티 개발 예정(개발 호재)

2. 건축사 선정
나와 맞는 건축사를 만나는 방법

건축사사무소를 검색하는 방법은 다양하다. 인터넷만 검색해 봐도 무수히 많은 건축사사무소가 나온다. 그러나 무작정 인터넷을 검색하기보다는 건축 관련 서적 (잡지, 출판물 등)을 보고 소개된 집 중에 마음에 드는 스타일의 집이 있으면 거기 나와 있는 건축사사무소 정보를 보고 후보군을 정하는 것이 좋다.

그러니 건축사 선정 과정에서 제일 중요한 순서는 내가 선호하는 스타일의 주택을 찾는 것이다. 광교, 위례, 미사, 판교 등 멋진 단독주택이 많은 주택지구를 직접 찾아가 천천히 길을 따라 걸으며 주택을 둘러보면 적어도 외관상으로 내가 좋아하는 건축물의 형태가 무엇인지 알 수 있다. 이러한 과정을 통해 내가 원하는 주택 스타일을 개략적으로 정한 후 인터넷이나 건축 관련 서적을 통해 비슷한 스타일의 주택을 설계한 건축사무소 몇 군데를 선정하고 직접 상담을 통해 결정하는 것이 좋다.

최근 단독주택에 관한 관심이 높아지면서 각종 건축세미나가 진행되고 있는데 이러한 세미나를 통해 건축사를 선택하여 상담을 하는 것도 좋은 방법이다. 트렌디한 건축 정보를 얻을 수 있는 건축 박람회는 크게 코리아 빌드(과거 경향하우징 페어), MBC건축박람회(동아전람 기획), 지역별 건축 박람회(인천, 대구, 부산) 등이 있다.

주로 3~5월, 9~11월에 많이 열리는데 인터넷을 통해 미리 일정을 확인한 후 사전 예약을 하면 무료로 관람할 수 있다.

건축사사무소는 무조건 유명하고 큰 곳이 좋은 곳은 아니다. 종종 TV에서 만날 수 있는 유명한 건축사사무소는 건축사의 명성에 걸맞게 훌륭한 설계, 작품과 같은 집이 나올 확률이 높다. 반면 내가 원하는 공간 구성이 잘 반영되지 않을 수도 있고, 시공비가 기하급수적으로 올라갈 수 있다. 시공 견적을 받고 놀라서 몇 가지 수정을 하다 보면 원래 목적한 집의 형태가 나오지 않을 수도 있다. 설계비 또한 200㎡ 이하의 단독주택이더라도 3,000만~4,000만 원을 넘는 경우가 대부분이며 조금 커지면 6,000만 원이 넘는 경우도 많다. 물론 세상에 하나밖에 없는 내 집을 짓는데 최대한 멋지고 작품 같은 집을 짓길 원하는 건축주라면 이러한 유명 건축사사무소에서 진행하는 것이 만족도가 높을 것이다.

규모가 큰 지역 건축사사무소는 주로 큰 상가빌딩이나 플랜트를 설계하는 곳으로 단독주택의 경우 설계비가 많지 않아 잘 맡지 않으려는 곳도 있다. 또한, 설계를 맡더라도 사무실의 초급 설계자에게 실무를 맡겨 비용은 비용대로 쓰고 제대로 노하우가 들어간 설계를 받지 못하는 경우가 있다.

반면 오랫동안 큰 규모의 건축사사무소에서 근무하며 건축사 자격증을 취득한 후 자기 건축사사무소를 낸 경우, 규모는 작아도 일에 최선을 다하고 건축주의 의견을 존중하여 색깔 있는 집을 설계하는 경우가 많다.

이 외에도 블로그나 네이버 카페에서 건축주와 온라인 소통을 하면서 시공을 하는 곳을 보면 시공사와 연결된 건축사들이 있다. 합리적인 가격에 노하우가 담긴 질 좋은 설계를 한다는 면에서 소규모 주택을 설계할 때 좋은 선택일 수 있다.

참고로 전원주택이라면 보통 해당 지역의 건축사가 지역 상황을 가장 잘 아는 경우가 많으니 가장 먼저 지역 건축사를 찾아가 상담을 통해 토목설계를 맡기고 건축설계는 따로 맡기는 것도 방법이다.

어떤 건축사를 선정하든, 나와 합이 잘 맞는지 알기 위해서는 꼭 직접 상담을 해야 한다. 그리고 건축사의 실적을 열람하고 시간이 된다면 실제 건축물을 답사하여 그곳의 건축주와 진행 상황에 관해 이야기를 나누어보는 것이 좋다.

여러 건축사와 직접 상담을 해도 결정하기 어렵다면 기본설계를 의뢰하는 것도 좋다. 기본설계비를 받지 않겠다는 곳이 있긴 하지만 기본설계를 통해 건축사가 가진 역량을 보는 한편, 건축주도 진지하게 설계를 검토한다는 의지를 전달할 수 있으므로 약 50만~100만 원 정도의 기본설계비를 지급하고 받아보는 것이다. 두세 군데에서 기본설계를 받아보면 우리 가족의 라이프스타일과 맞으면서 건축 노하우가 담긴 설계인지 아닌지를 알아볼 수 있다.

내 경우 위의 여러 가지를 고려하여 네 군데 건축사사무소와 미팅을 하고 두 군데에서 기본설계를 받아본 후 건축 세미나에서 만난 건축사에게 설계를 의뢰했다. 비움비건축사사무소 대표 김병구 건축사는 마당을 중시하는 설계를 지향하는데 큰 회사에서의 오랜 설계 경험과 노하우를 가지고 최근 독립하여 소규모로 사무실을 운영하고 있어 거의 전 부분을 직접 설계하는 것이 마음에 들었다. 또한 시공사에서 시공 경험도 가지고 있으니 시공할 때 도움이 많이 될 것이란 믿음도 있었다.

설계를 맡기기 전에 직접 설계한 김해의 단독주택을 찾아가 보았다. 네모난 땅이 아니고 코너에 협소한 부분이 있는, 설계가 쉽지 않은 모양의 땅이었지만, 멋진 마당을 넣어 공간이 탁 트이게 설계한 것이 매력적이었다. 이후 김병구 건축사는 이 김해 주택으로 건축상을 받았다.

단독주택 짓기라는 큰 산을 넘는 것은 설계를 탄탄히 하는 데서 시작한다. 그러니 나와 합이 맞는 건축사를 만나는 데 들이는 품을 아끼지 말아야 한다. 이러한 노력을 통하여 건축사를 선정하고 설계를 진행한다면 좋은 집을 지을 준비가 된 셈이나.

3. 설계 과정과 설계 도면
설계 과정에 있어 건축주가 알아두면 좋은 것들

아무것도 없는 흰 도면에 바로 설계를 할 수는 없다. 설계에도 여러 단계가 있고 단계별로 담아야 하는 내용이 있다. 따라서 건축주도 이러한 설계 과정을 잘 숙지 해서 건축사와 협의하는 것이 좋다. 예를 들어 처음 계획설계를 하는 과정에서 창 호는 어떤 게 좋다더라, 거실등은 이렇게 해달라, 전시회에서 보니 이런 자재가 좋 아 보이더라 하고 얘기하는 것은 숲을 봐야 하는 시기에 나뭇가지만 쳐다보는 것과 같다. 적어도 건축주가 설계의 각 과정에서 어떤 점을 중점적으로 살펴야 하는지 인 지하고 있어야 제대로 된 논의가 이루어질 수 있다.

다음은 설계의 대략적 과정이다.

(1) 계획설계

계획설계 전에 먼저 건축사와 함께 집을 짓는 목표를 설정하는 단계를 거친다. 지 금까지 정리한 집에 대한 우리 가족의 생각을 건축사의 의견과 동기화하는 과정이 라고 표현할 수 있다. 이후 이를 반영하여 개략적인 스케치 작업을 진행한다. 이 단 계에서는 대지의 위치, 면적, 형상, 주변 환경, 교통 여건, 법규(지역마다 지구단위 계획에 따른 법규들이 다르다) 조사 등에 따라 집의 큰 형태가 정해진다.

1차 스케치 : 남향으로 가운데 깊게 마당을 넣고 양쪽에 방과 주방, 거실을 배치하였다.
그러다 보니 계단 공간이 애매했고 북쪽으로 복도가 길게 배치되어 공간 손실이 컸다.

2차 스케치 : 사람이 지나다니지 않는 도로 쪽으로 마당을 넓게 배치하고 나무를 심어 시선을 가리기로 하였다.
이렇게 배치하니 손실되는 공간이 없어졌다. 임대세대도 방 배치를 바꾸고 동쪽벽을 안으로 들여 빛 환경을 개선하였다.

선향당의 경우, 처음에는 ㄷ자 형태의 집에 임대세대 두 가구를 포함하여 세 가구가 살 수 있는 집을 짓기를 원했지만, 건축사와의 협의를 통해 공간의 효율성과 프라이버시 확보, 마당의 구조, 법규 만족 구성 등 많은 요소를 적용하여 A자 형태의 두 가구용 주택으로 변경하였다. 또한 스케치를 계속 들여다보며 동선을 고려하여 방 배치와 크기 등을 조금씩 보완해나갔다.

계획설계는 사실상 집의 큰 틀을 결정짓는 과정으로 구체적인 층별 공간 배분, 방과 욕실의 수, 기타 공간 구성 등을 정하게 된다. 이때 가족들과 가장 많은 대화를 나누며 시각화된 스케치를 통해 우리가 살 집에 대한 꿈을 보다 구체화하면서 서로의 상충하는 의견을 절충하는 과정을 거쳐야 한다.

계획설계 과정에서 생애 첫 집으로 아파트를 분양받았을 때 분양 설명서에 있는 평면도와 내부 렌더링 사진을 보며 행복했던 기억이 떠올랐다. 그때는 '공간에 맞춰 우리가 어떻게 살까?'에 대한 고민을 했지 우리가 직접 공간을 계획하지는 못했다. 단독주택은 다르다. 방의 개수도, 크기도, 동선도, 마당의 크기와 층수도, 모두가 우리의 결정이니 그 흥분과 기대는 아파트 분양과 비교할 수 없다.

 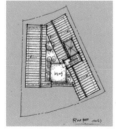

건물의 지붕을 어떻게 설계하느냐에 따라서 향후 유지보수가 용이할 수도 있고 어려울 수도 있다. 용인시 지구단위 계획에는 지붕의 2/3 이상을 경사지붕으로 해야 하는데, 최초 설계에서의 지붕은 옥상이 없는 경사 지붕 구조여서 추후 유지 보수가 어려운 구조였다. 이를 두 개의 긴 경사지붕과 그 사이 평지붕 옥상을 만들어 옥탑으로 올라갈 수 있는 구조로 설계하여 옥상의 활용도를 높였다.

(2) 기본설계

계획설계를 통해 공간이 정해지면 이제 정말 설계다운 설계인 기본설계에 들어간다. 각 층의 평면도와 단면도를 그리고 3차원 설계인 스케치업을 이용하여 구체적인 집의 형태를 설계하는 것이다. 이 과정에서 집의 구조를 어떻게 할지에 대해서도 결정하게 된다.

단독주택 시공 구조는 크게 철근콘크리트조, 조적조(벽돌), 목조, 스틸(경량 철골구조) 구조로 나뉘는데 구조별 장단점에 대해서 건축사와 협의하여 결정하게 된다. 보통 2층 이하의 단독주택은 최근 주목받고 있는 목조(경량목구조, 중량목구조)로 시공하는 경우가 많고, 단층 주택의 경우 조적조(ALC블럭 포함)로 하기도 한다. 3층 이상은 철근콘크리트(RC조) 구조로 한다. 목조주택도 3층 이상 시공이 가능하나 공학용 구조목을 사용해야 하는 등 시공비가 철근콘크리트보다 많이 든다. 스틸 구조는 공사 속도나 공사비에 장점이 있어 가끔 선택하는 경우도 있었으나 2021년부터는 철강 가격이 크게 오르면서 공사비 장점이 사라졌다.

기본설계를 할 때, 건축주는 실제 이 공간에서 산다고 생각하며 수정이 필요한 부분을 정리하여 건축사에게 전달해야 한다. 그러면 건축사는 이 수정 요청이 기술적으로 가능한지 확인하고 협의하는 과정을 거친다. 동시에 각종 자재(외장재, 지붕재, 내장재, 세면대, 샤워부스, 욕조, 창호재 등)를 결정하게 된다. 이때도 건축주가 취향에 맞는 자재를 제시하면 건축사와 적용 가능 여부에 대해 협의하여 결정한다.

철근콘크리트조, 목조, 스틸 구조의 장단점

구조		장점	단점
철근콘크리트조		❶ 우수한 구조 성능(압축, 인장 강도 우수) → 따라서 3층 이상의 주택에 적합 ❷ 보편적인 공법으로 시공사 간 기술 편차가 적음 ❸ 시간이 지날수록 점점 강도가 강해짐 ❹ 다양한 형태의 건축물 시공 가능 ❺ 평지붕, 테라스 구조에 적합	❶ 단열 성능이 약함(콘크리트 자체는 단열에 취약) ❷ 신축 때 습기 배출로 인하여 결로에 취약함 ❸ 소형 건축물의 경우 시공 단가가 높음 ❹ 내장재-콘크리트 벽-단열재-외장재로 벽이 두꺼움
목조	경량 목구조	❶ 시공 단가가 가장 저렴함 ❷ 비교적 경량 시공이 가능(건축물 무게가 가벼움) ❸ 단열 성능이 좋음(목재 자체의 단열 성능이 좋음) ❹ 다양한 단열재 시공 가능(글라스울, 수성연질폼 등) ❺ 패시브 하우스 시공에 유리함	❶ 현장에서 직접 재단 시공하므로 시공자의 실력 편차가 큼(시공사 역량 중요) ❷ 수분에 취약함(평지붕, 테라스 설계 어려움) ❸ 방음 성능이 떨어짐(듀플렉스 하우스 시공 시 측간소음에 취약) ❹ 층간소음에 취약함(위, 아래 다른 세대 불가능)
	중량 목구조	❶ 프리컷 구조로 시공 품질이 일정함 ❷ 목재 보의 노출로 인테리어 효과 좋음 ❸ 목구조 중 구조 강성이 좋음 ❹ 단열 성능이 좋음(경량목구조와 같음)	❶ 시공 단가가 경량목구조에 비해 높음 ❷ 국내 시공사가 많지 않음 ❸ 방음 성능이 떨어짐
스틸 구조 (경량 철골 구조)		❶ 경량 철골 구조의 경우 시공 단가가 낮음 ❷ 시공 기간이 비교적 짧음 ❸ 일반 철골 구조의 경우 구조 강성이 좋아서 넓은 공간을 만들기 좋음	❶ 화재에 취약함(고온에서 철이 녹아서 휨) ❷ 단열에 취약함(벽체를 샌드위치 패널로 구성) ❸ 다양한 형태의 구조를 만들기 어려움

⊕ 목조주택 시공

1990년대 미국으로부터 자재와 기술이 전파되고 신도시 중심으로 북미형 단독 목조주택 단지가 생겨나면서 붐이 일었다. 하지만 이때 지어진 목조주택은 나무에 대한 이해가 부족한 작업자들이 제대로 된 공법으로 시공하지 않은 경우가 대부분이어서 시공 과정에서부터 문제를 가지고 있었다.

예를 들어 콘크리트 기초 방수를 하지 않고 목재를 시공하여 습기로 인해 구조재가 썩기도 하고, 수평을 정확히 맞추지 않은 기초 위에 빠르게 시공하다 보니 발생하는 틈을 나무 조각으로 메워서 준공 후에 집이 뒤틀리는 큰 문제가 발생하기도 하였다. 또한 층간 바닥에 보일러 배관 후 방통을 하는 과정에서 방수처리가 완벽하지 않아 나무에 습기가 침투하여 썩기도 하였다. 이처럼 초기 목조주택은 여러 하자로 인해 안 좋은 인식을 만들었다. 하지만 이후 목조주택 시공을 전문적으로 교육하는 학교와 클래스가 생기면서 현재 짓는 목조주택은 친환경 주택이면서 단열에 우수한 패시브 급 하우스로 널리 인식되고 있다. 무엇보다 콘크리드주택보다 저렴한 시공비와 빠른 시공 기간, 박공지붕 시공으로 다락 설계가 쉬운 점 등의 장점이 주목받으면서 2014년을 기점으로 빠르게 늘어나고 있다.

목조주택의 큰 특징 중 하나는 건식 시공이라는 것이다. 보통 콘크리트주택은 봄에 착공하여 가을에 끝나는 경우가 많지만, 목조주택은 가을이나 겨울에도 착공할 수 있다. 이는 시공 계획을 잡을 때 시공비 면에서 큰 장점이다. 모든 자재와 장비 사용료, 인건비가 봄철 수요가 증가할 때 많이 오르기 때문이다. 따라서 200㎡ 이하면서 2층 이하의 주택을 계획하는 경우 목조주택으로 시공하는 것이 좋다.

(3) 실시설계

어느 정도 집의 설계가 완성되면 이후 공사를 위한 실시설계를 한다. 이때는 각종 마감의 상세 및 창호에 관한 도면 작성, 기초부터 지붕까지 골조에 관한 상세 및 철근 배근에 대한 구조 도면, 전기 및 IT 인프라(전화, 통신), 보안 관련 CCTV, 각종 조명, 제어함 등을 담은 전기 도면, 냉(에어컨), 난방(보일러 배관) 관련 도면과 상하수도 배관 도면, 후드 도면(기계 도면) 등 공사에 필요한 도면들이 작성된다.

실시설계도 역시 건축주의 꼼꼼한 점검이 필수다. 적극적으로 도면을 살펴 실제 전기 스위치, 콘센트 위치와 개수를 정해야 하고, 수전의 위치, 싱크대 싱크볼 위치까지도 모두 정해야 한다. 보통 여기까지 설계가 진행되면 시공사에 도면을 제출하여 견적을 받고 시공을 진행할 수 있다.

최근에는 추가로 인테리어 설계를 하는 경우도 있으니 인테리어 설계까지 포함된 금액으로 설계가 진행되는지, 아니면 실시설계까지만 진행하는지에 대해서 계약 시 확인해야 한다. 시공사 견적은 일반적인 자재를 기준으로 하는데 인테리어 자재는 단가 차이가 크기 때문에 이로 인해 추후 시공사와 분쟁의 소지가 있을 수 있기 때문이다. 나는 조명과 벽지, 타일 등을 직접 선택하고 포인트로 대리석 월을 시공하려고 했기에 별도 인테리어 설계는 하지 않고 시공사와 협의하면서 진행하였다. 하지만 독특한 인테리어나 통일된 세련미를 얻고자 한다면 인테리어 설계를 반영하여 시공 견적을 받기를 권한다.

⊕ 설계의도구현업무

감리는 구조와 관련된 부분을 집중적으로 보기 때문에 이전까지 외장, 내장 디자인에 대한 부분은 건축주가 직접 시공사와 협의를 하면서 진행하는 경우가 많았다. 그러나 2020년 하반기부터 다가구주택의 경우 '설계의도구현입무'라고 하여 공사 감리 외에 실제 설계를 한 건축사와 용역 계약을 의무화하고 있다. 내 경우 설계의 주체인 건축사에게 일정 금액을 추가로 지불하고 시공에도 함께 참여하게 하였다. 그 비용이 부담되긴 했으나 설계를 한 건축사가 시공에 참여한 덕분에 시공 과정에서 발생한 중요한 문제를 초기에 발견할 수 있었다. 그러니 다가구주택의 설계 계약 시 이 금액까지 추가하여 같이 계약을 진행하는 것이 좋다.

⊕ 준공도면

추후 시공 과정에서 기준이 되는 것은 무조건 도면이다. 그러나 시공하는 과정에서 건축주의 요구나 시공상의 문제로 인하여 조금씩 변경되는 경우가 많다. 이렇듯 시공 과정 중 변경 사항들은 나중에 준공 접수 시에 제출하는 '준공도면'에 반영하여 제출한 후 특검을 받아야 한다. 준공도면은 아무래도 설계를 진행한 건축사사무소에서 만드는 게 편하니 준공도면 작성에 대해서도 처음 건축사사무소와 계약할 때 명시하는 것이 좋다. 작은 수정들은 큰 문제가 되지 않지만 큰 수정이 있었을 경우에는 수정 도면을 관할 구청 건축 담당에게 제출하여 심의, 허가를 받아야 하기 때문이다.

건물 외형도 : 남측 전면

★건축주가 점검할 사항 : 건물의 외장재와 전면 디자인 검토

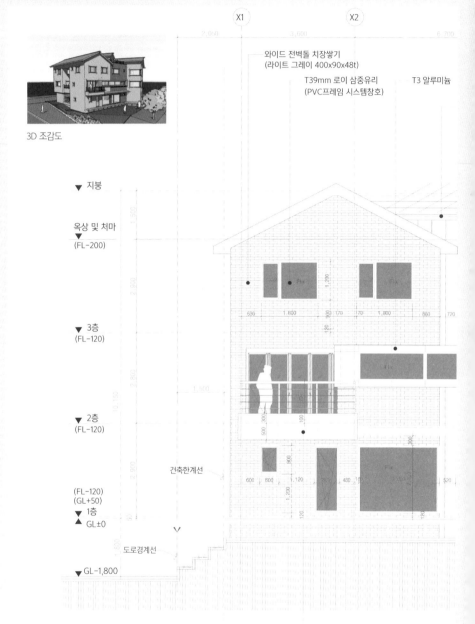

3D 조감도

와이드 전벽돌 치장쌓기
(라이트 그레이 400x90x48t)

T39mm 로이 삼중유리
(PVC프레임 시스템창호)

T3 알루미늄

X1   X2

▼ 지붕

옥상 및 처마
▼
(FL-200)

▼ 3층
(FL-120)

▼ 2층
(FL-120)

건축한계선

(FL-120)
(GL+50)
▼ 1층
▲ GL±0

도로경계선

▼ GL-1,800

노출콘크리트 시공

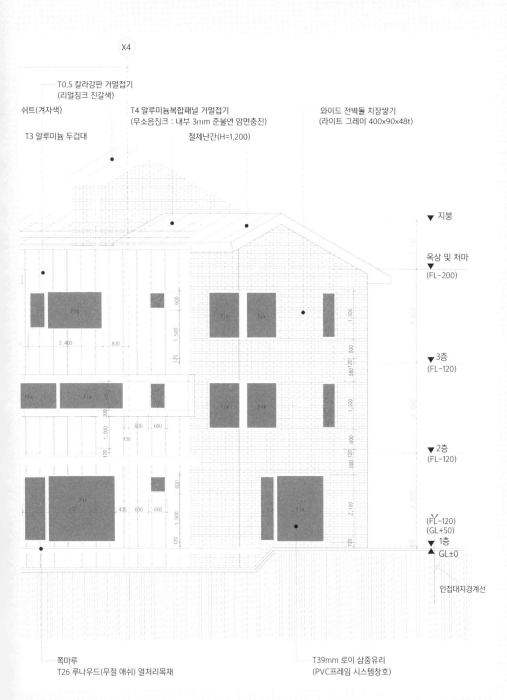

X4

T0.5 칼라강판 거멀접기
(리얼징크 진갈색)

쉬트(겨자색)

T3 알루미늄 두겁대

T4 알루미늄복합패널 거멀접기
(무소음징크 : 내부 3mm 준불연 암면충진)

철제난간(H=1,200)

와이드 전벽돌 치장쌓기
(라이트 그레이 400x90x48t)

▼ 지붕

옥상 및 처마
▼
(FL-200)

▼3층
(FL-120)

▼2층
(FL-120)

(FL-120)
(GL+50)
▼ 1층
▲ GL±0

인접대지경계선

쪽마루
T26 루나우드(무절 애쉬) 열처리목재

T39mm 로이 삼중유리
(PVC프레임 시스템창호)

135

건물 주 단면도(시공 방법 표기)

★건축주가 점검할 사항 : 건물 외장 단면 시공법과 층간 높이, 천장 내장재 공간 확인

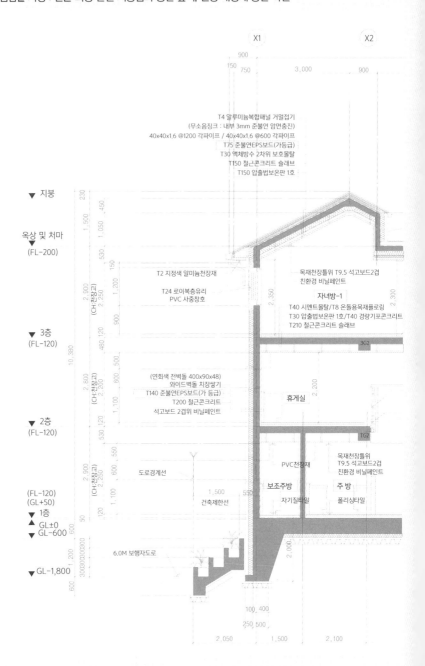

T4 알루미늄복합패널 거멀접기
(무소음징크 : 내부 3mm 준불연 암면충진)
40x40x1.6 @1200 각파이프 / 40x40x1.6 @600 각파이프
T75 준불연EPS보드(가등급)
T30 액체방수 2차위 보호몰탈
T150 철근콘크리트 슬래브
T150 압출법보온판 1호

▼ 지붕

옥상 및 처마
▼
(FL-200)

T2 지정색 알미늄천장재

T24 로이복층유리
PVC 사중창호

목재천장틀위 T9.5 석고보드2겹
친환경 비닐페인트

자녀방-1
T40 시멘트몰탈/T8 온돌용목재플로링
T30 압출법보온판 1호/T40 경량기포콘크리트
T210 철근콘크리트 슬래브

▼ 3층
(FL-120)

3G2

(연회색 전벽돌 400x90x48)
와이드벽돌 치장쌓기
T140 준불연EPS보드(가 등급)
T200 철근콘크리트
석고보드 2겹위 비닐페인트

휴게실

▼ 2층
(FL-120)

TG2

PVC천장재

목재천장틀위
T9.5 석고보드2겹
친환경 비닐페인트

도로경계선

(FL-120)
(GL+50)
▼ 1층
▲ GL±0
▼ GL-600

1,500
건축제한선

보조주방
자기질타일

주 방
폴리싱타일

6.0M 보행자도로

▼ GL-1,800

136

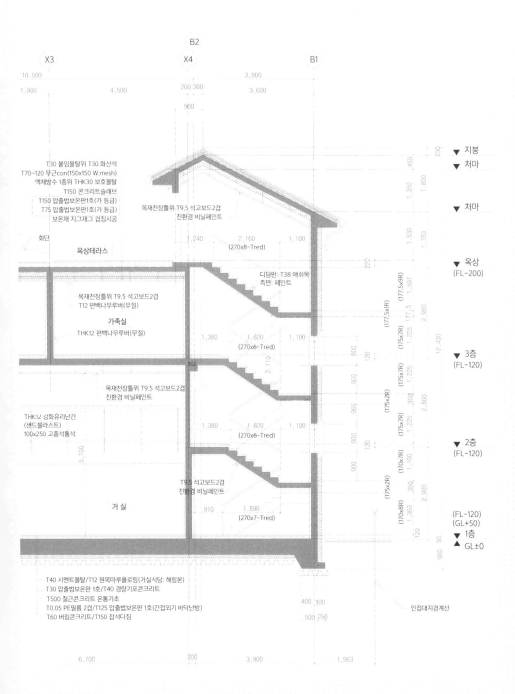

B2

X3　　　　　　　　　X4　　　　　　　B1

10,500　　　　　　　　　3,900

1,900　　　4,500　　　200 300　　3,600
　　　　　　　　　　　900

T30 붙임몰탈위 T30 화산석
T70~120 무근con(150x150 W.mesh)
액체방수 1층위 THK30 보호몰탈
T150 콘크리트슬래브
T150 압출법보온판1호(가 등급)
T75 압출법보온판1호(가 등급)
보온재 지그재그 겹침시공

목재천장틀위 T9.5 석고보드2겹
친환경 비닐페인트

▼ 지붕
▼ 처마
▼ 처마

화단

옥상테라스

▼ 옥상
(FL-200)

1,240　　2,160　　1,100
　　　(270x8-Tred)

디딤판: T38 애쉬목
측면: 페인트

목재천장틀위 T9.5 석고보드2겹
T12 편백나무루버(무절)

가족실

THK12 편백나무루버(무절)

1,380　　1,620　　1,100
　　　(270x6-Tred)

2,110

▼ 3층
(FL-120)

3G2

목재천장틀위 T9.5 석고보드2겹
친환경 비닐페인트

THK12 강화유리난간
(샌드블라스트)
100x250 고흥석통석

1,380　　1,620　　1,100
　　　(270x6-Tred)

▼ 2층
(FL-120)

T9.5 석고보드2겹
친환경 비닐페인트

거실

910　　1,890　　
　　(270x7-Tred)

(FL-120)
(GL+50)
▼ 1층
▲ GL±0

T40 시멘트몰탈/T12 원목마루플로링(거실식당: 해링본)
T30 압출법보온판 1호/T40 경량기포콘크리트
T500 철근콘크리트 온통기초
T0.05 PE필름 2겹/T125 압출법보온판 1호(간접외기 바닥난방)
T60 버림콘크리트/T150 잡석다짐

400 100
500 250

인접대지경계선

6,700　　　　　　200　　　3,900　　　　1,963

건물 주 단면도(시공 방법 표기)

★건축주가 점검할 사항 : 기초 콘크리트 구조(깊이), 주차장(높이, 천장), 테라스 형태 확인

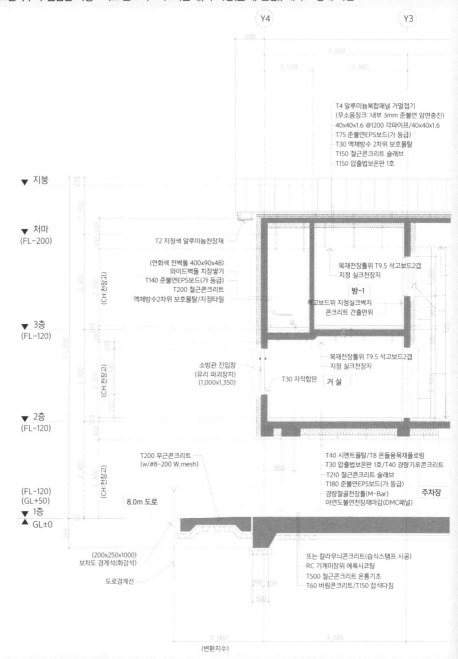

T4 알루미늄복합패널 거멀접기
(무소음징크: 내부 3mm 준불연 암면충진)
40x40x1.6 @1200 각파이프/40x40x1.6
T75 준불연EPS보드(가 등급)
T30 액체방수 2차위 보호몰탈
T150 철근콘크리트 슬래브
T150 압출법보온판 1호

▼ 지붕

▼ 처마
(FL-200)

T2 지정색 알루미늄천장재

(연회색 전벽돌 400x90x48)
와이드벽돌 치장쌓기
T140 준불연EPS보드(가 등급)
T200 철근콘크리트
액체방수2차위 보호몰탈/지정타일

목재천장틀위 T9.5 석고보드2겹
지정 실크천장지

방-1

석고보드위 지정실크벽지
콘크리트 건출면위

▼ 3층
(FL-120)

소방관 진입창
(유리 파괴장치)
(1,000x1,350)

목재천장틀위 T9.5 석고보드2겹
지정 실크천장지

T30 자작합판

거 실

▼ 2층
(FL-120)

T200 무근콘크리트
(w/#8-200 W.mesh)

T40 시멘트몰탈/T8 온돌용목재플로링
T30 압출법보온판 1호/T40 경량기포콘크리트
T210 철근콘크리트 슬래브
T180 준불연EPS보드(가 등급)
경량철골천장틀(M-Bar)
아연도불연천장재마감(DMC패널)

(FL-120)
(GL+50)

8.0m 도로

주차장

▼ 1층
▲ GL±0

(200x250x1000)
보차도 경계석(화강석)

도로경계선

또는 칼라무늬콘크리트(습식스탬프 시공)
RC 기계미장위 에폭시코팅
T500 철근콘크리트 온통기초
T60 버림콘크리트/T150 잡석다짐

(변환치수)

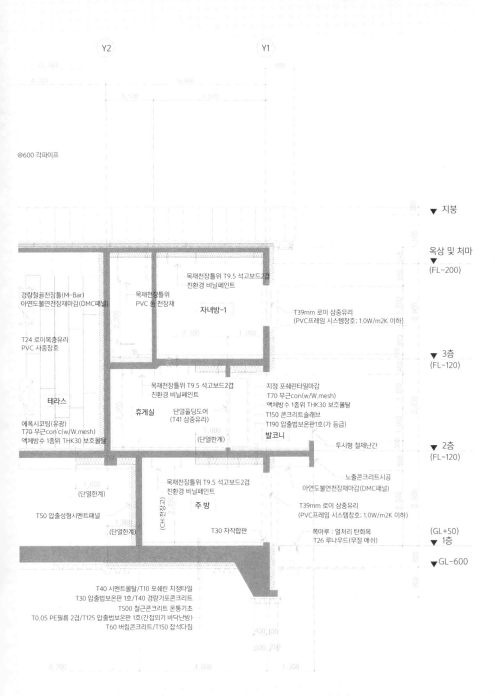

Y2   Y1

@600 각파이프

▼ 지붕

옥상 및 처마
▼
(FL-200)

경량철골천장틀(M-Bar)
아연도불연천장재마감(DMC패널)

목재천장틀위
PVC 돔천장재

목재천장틀위 T9.5 석고보드2겹
친환경 비닐페인트

자녀방-1

T39mm 로이 삼중유리
(PVC프레임 시스템창호: 1.0W/m2K 이하)

T24 로이복층유리
PVC 사중창호

▼ 3층
(FL-120)

목재천장틀위 T9.5 석고보드2겹
친환경 비닐페인트

지정 포쉐린타일마감
T70 무근con(w/W.mesh)
액체방수 1종위 THK30 보호몰탈
T150 콘크리트슬래브
T190 압출법보온판1호(가 등급)

테라스

휴게실

단열폴딩도어
(T41 삼중유리)

에폭시코팅(유광)
T70 무근con'c(w/W.mesh)
액체방수 1종위 THK30 보호몰탈

(단열한계)

발코니

투시형 철제난간

▼ 2층
(FL-120)

(단열한계)

노출콘크리트시공
아연도불연천장재마감(DMC패널)

목재천장틀위 T9.5 석고보드2겹
친환경 비닐페인트

주 방

T39mm 로이 삼중유리
(PVC프레임 시스템창호: 1.0W/m2K 이하)

T50 압출성형시멘트패널

(단열한계)

T30 자작합판

쪽마루: 열처리 탄화목
T26 루나우드(무절 애쉬)

(GL+50)
▼ 1층

▼GL-600

T40 시멘트몰탈/T10 포쉐린 지정타일
T30 압출법보온판 1호/T40 경량기포콘크리트
T500 철근콘크리트 온통기초
T0.05 PE필름 2겹/T125 압출법보온판 1호(간접외기 바닥난방)
T60 버림콘크리트/T150 잡석다짐

기계설비도 : 2층 난방 배관 평면도

★건축주가 점검할 사항 : 온수분배기 위치, 난방 배관이 지나가는 위치 확인

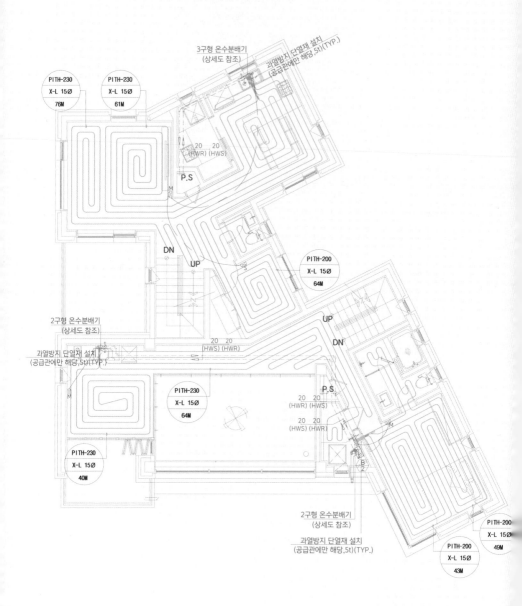

2층 위생 배관(하수, 오수) 평면도

★건축주가 점검할 사항 : 상하수도 위치 확인, 배관 스펙 확인

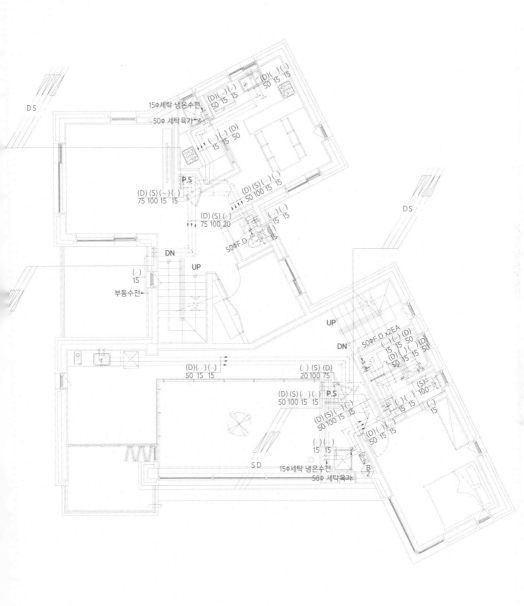

2층 전기설비도 : 주방 및 욕실 환기덕트 평면도

★건축주가 점검할 사항 : 환풍기 위치 확인

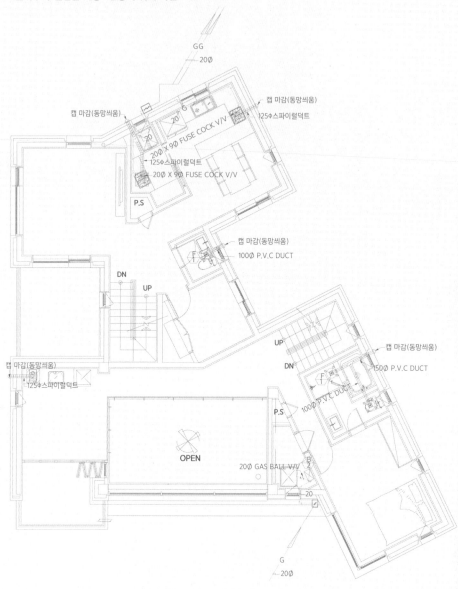

2층 전기설비도 : 전등설비 평면도

★건축주가 점검할 사항 : 조명 종류 및 위치 확인, 조명 스위치 위치 확인

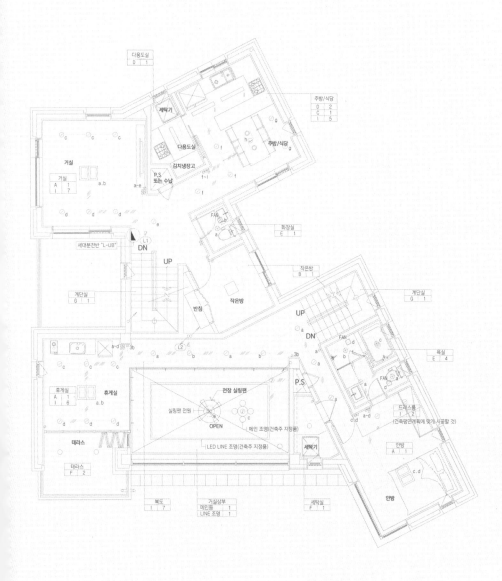

2층 전기설비도 : 전력선 및 콘센트 평면도

★건축주가 점검할 사항 : 콘센트 갯수, 위치 확인

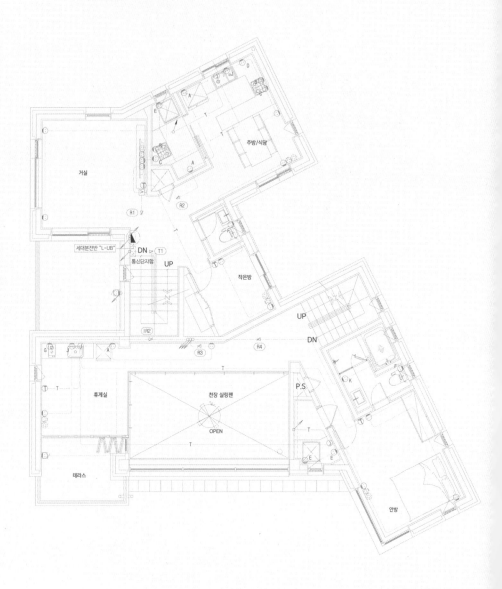

2층 구조평면도 : 콘크리트 벽체 구조평면도

★건축주가 점검할 사항 : 콘크리트 벽 위치 확인(가벽으로 하고 싶은 경우 건축사와 상의)

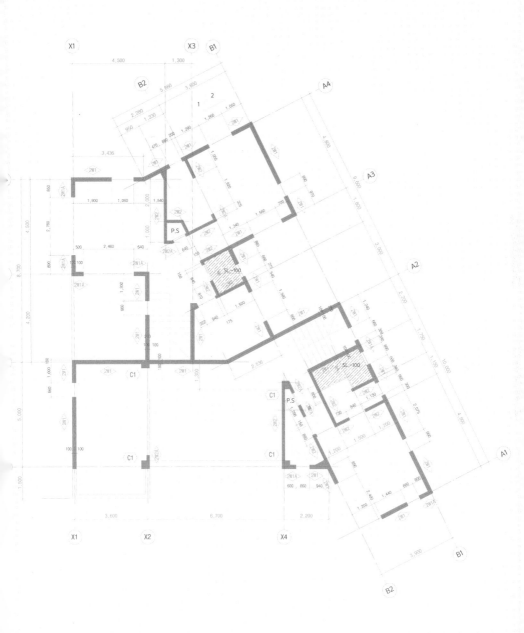

Q&A

1. 건축비가 우선인가요, 토지 매입비가 우선인가요?

전체 예산 규모를 정한 후 그 안에서 건축비를 뺀 나머지 금액으로 토지를 물색하는 것이 편하다. 예를 들어 전체 예산을 10억 원으로 잡고 60평의 단독주택을 지으려 한다면 예상 건축비를 뺀 나머지 금액을 토지 매입비로 하여 건폐율과 용적률을 따져 토지의 크기를 정하고, 4.6%의 취득세와 부동산중개수수료까지 고려하여 토지를 물색하면 된다. 마당이 넓은 집을 원한다면 평당 토지비가 낮은 부지를 물색해야 한다.

2. 맘에 드는 땅을 찾았는데 토지 매입비가 부족하면 어떡해야 할까요?

내가 원하는 지역을 다니며 토지를 물색하다보면 예산에 맞춰 딱 떨어지는 조건의 토지를 찾기 쉽지 않다. 토지 매입 시에 부족한 자금은 토지 담보 대출로 해결할 수 있는데 토지 담보 대출을 실행할 때는 전체 사업비, 즉 건축비까지 고려하여 실행하는 것이 좋다. 예를 들어 전체 예산에서 부족한 자금이 토지 매입비의 60% 이내라면 토지 매입 시 이 금액을 모두 대출받아서 완공까지 가지고 가는 것이 좋다. 대부분 단독주택을 계획하는 경우 이 정도 대출로 충당이 된다. 그러나 부족한 자금이 토지 매입비의 60%를 넘는다면 이자가 높더라도 전체 예산(건축비 포함)의 80%까지 가능한 기성고 대출(주로 2금융권에서 취급)을 이용하여 건축하고, 완공 후 주택 담보 대출(1금융권에서 취급)로 갈아타는 것이 방법이다.

3. 땅을 살 때도 세금이 많이 붙나요?

거주 부동산 매도, 토지 매입 예산에 반드시 반영해야 하는 것이 양도세, 취득세 계산이다. 개인의 재무 상황에 따라 복잡한 세금 산정 방식이 있으므로 절대 인터넷에 떠도는 정보를 믿지 말고 세무사와 상담을 통해 정확히 계산하기를 권한다. 세무사와 상담할 때는 반드시 우리 가족이 소유하고 있는 모든 부동산 정보를 가지고 가야 한다. 한두 가지를 빼놓고 상담을 하면 나중에 그 부동산 때문에 많은 세금을 부담해야 하는 경우가 생길 수 있다. 매입가, 매입 시기가 잘 나와 있는 등기부등본과 아파트를 분양받은 경우엔 분양 계약서와 각종 비용 명세서(계산서)는 필수이다. 이러한 자료를 모두 가지고 가서 매도할 부동산 계획과 매입할 토지, 지으려고 하는 단독주택의 형태를 가지고 상담하면 된다.

4. 토탈 하우징 업체에 맡기면 편하지 않을까요?

나 역시 처음에 집 짓기를 결정한 후 구체적으로 어떻게 집을 지어야 제대로 집을 짓는 건지 고민하면서 건축 박람회에서 만난 유명 하우징 업체들과 상담을 했다. 친절하게 상담을 해주니 좋긴 했지만 내가 만난 이들이 직접 건축을 하는 건 아니기에 크게 믿음이 가지는 않았다. 특히 건축주를 위한 세미나를 여러 차례 들은 후 설계와 시공은 반드시 따로 진행해야 하며, 특히 설계에 들어가는 시간과 노력이 제일 중요하다는 생각을 굳혔다.

보통 하우징 업체에서는 설계와 시공을 같이 한다. 주택 면적이 200㎡ 이하의 소형 주택은 아예 감리까지 맡는다. 일견 신경 쓸 것 없이 편해 보일 수 있지만, 반면 각 파트에서 건축주를 대신하여 잘하는지, 제대로 하는지에 대한 견제의 수단이 없다. 또한 시공업체에서 설계를 같이 하다 보니 개성이 담긴 나만의 집을 설계하는 데 한계가 있다. 집을 짓는다는 것은 무궁무진하게 많은 경우의 수의 집합이다. '어떤 구조로 설계하는가? 어떤 자재를 쓰는가? 어떤 공법을 적용하는가?' 등에 따라서 시공비가 달라지는데 경우의 수가 많아질수록 품이 든다. 그러니 하우징 업체가 지은 집을 살펴보면 자재나 형태, 시공법이 유사한 게 많다. 따라서 하우징 업체에 시공을 맡긴다면 설계를 따로 해도 되는 곳을 선택하는 것이 좋다.

안마당이 있는 단독주택을 짓다

비움비건축사사무소 대표 김병구

단독주택 전문 건축사. 2009년 건축사 자격을 획득한 후 여러 주택 설계를 맡아왔으며 이 책의 선향당을 직접 설계하였다. 2014년 서울시공공건축물 표창, 2020년 김해시건축상을 수상하였으며 다수의 강의를 하였다. 2022년 MBC건축박람회에서는 '땅의 모양을 살린 마당이 있는 단독주택 설계'를 주제로 강의하였다.

오랫동안 설계를 해오셨는데 어떤 건축주와 일하기가 가장 편하셨나요?

개인적으로 "우리 집은 이렇게 지어주세요."라고 미리 선을 긋기보다는 "우리 집은 어떻게 지으면 좋을까요?"라고 묻는 건축주와의 설계가 좋았습니다. 후자의 경우 집 짓기에 대한 고민이나 준비가 없는 막연한 질문 같아 보이지만 사실 설계자의 경험이나 노하우를 묻고 있다고 봅니다.

설계자의 전문적인 감각을 믿고 맡겨보려는 의지가 강한 건축주를 만나면 '흥'이 생겨서 프로젝트도 잘 풀리는 반면, 전자처럼 선을 미리 그어버리면 땅을 볼 때도 색안경을 끼고 들여다보게 되고, 미리 답안이 공개된 것 같아서 흥미로운 설계가 어려워지지요. 편하다는 건 서로간에 소통이 잘 된다는 뜻이기도 한데 설계자 또한 건축주 못지 않게 집에 대한 기대와 흥미가 있어야 소통이 활발해지니까요.

건축사 입장에서 어떤 건축주가 좋은 분일까요?

건축주는 집을 짓는 주체이니 당연히 본인 집에 관한 애착이나 열정이 많지요. 그런데 간혹 주변과 이웃에 대한 배려가 부족한 건축주가 있습니다. 자칫 건축폭력을 행사하기도 합니다. 굳이 내지 않아도 되는 창문을 크게 내어 이웃집 속살을 훤히 들여다본다거나, 조망권을 침해하는 등 이웃을 크게 위축시키는 건축행위를 하는 거죠. 위축당하는 쪽에서 일한 적도 많았는데 밖을 보기 위한 창을 내야 하는데 어딜 뚫어도 편하지 않았던 기억이 있습니다. 그런 측면에서 건축주의 로망만이 아니라 집이 들어서고 난 후 주변이 겪을 고충이나 환경, 마을풍경에 대해서도 한 번쯤 고민할 줄 아는 건축주가 진정 좋은 건축주라고 생각합니다.

예비 건축주가 제일 중요하게 생각해야 하는 점은 무엇일까요?

집을 지을 수 있는 땅은 이미 많은 부분이 결정되어 있다고 봅니다. 그 땅이 가진 법적인 조건이나 제약사항 즉, 향과 조망 그리고 주변 여건과 같은 물리적인 조건들을 고려해보면 건물배치나 내·외부공간이 어느 정도 정해져 있다는 거죠. 그런 면에서 땅 선정이 제일 중요합니다. 땅이 마련되어 있지 않다면 좋은 땅을 찾는 것이 제일 중요하겠지요.

그다음으로 중요한 건 당연히 설계입니다. 집을 지었던 분들께 가장 후회하는 부

김해 단독주택 트라이앵글하우스. 김해시건축상을 수상하였다.

분이 뭐냐고 물었을 때 불편한 공간이나 동선에 관한 이야기가 많은데, 그만큼 '설계', 즉 '설계자 선정'은 중요합니다. 간혹 설계가 잘 풀리지 않는 때도 있는데, 내 땅이 너무 작거나 못생겨서라기보다 건축주의 요구사항을 그 땅이 받쳐주지 못해서 충돌이 생기는 경우가 잦습니다. 그럴수록 설계자의 역할이 중요합니다.

사실 설계비라는 것은 냉정히 따져보면 그 설계자의 경험이나 시행착오, 특히 노하우를 돈으로 사는 것입니다. 그래서 다양한 땅을 밟아본, 즉 경험 많은 설계자를 많이 만나보는 게 좋습니다. 실력 좋기로 소문난 설계자더라도 내 색깔과 맞지 않을 수 있으니까요. 그러니 내가 듣고 싶은 노래를 잘 불러줄 수 있는 설계자를 찾는 데 온 힘을 쏟으시기 바랍니다.

설계를 의뢰할 때 건축주가 꼭 알아야 하는 것은 어떤 것이 있을까요?

설계용역의 범위나 기간, 설계비, 납품도서 등은 계약에 구체적으로 명시되니 넘어가겠습니다. 많이 놓치는 부분 중 하나가 법정감리 또는 현장 모니터, 디자인 감리(설계구현업무)에 대한 비용입니다. 예상하지 못했다가 추후 관계에 불편함이 생길 수 있으니 미리 설계를 의뢰할 때 고려하면 좋겠습니다.

다음은 설계변경에 관한 사항입니다. 설계를 진행하다 보면 여러 차례 도면 수정을 요청할 수 있습니다. 계획 때의 변경은 큰 무리가 없지만 '실시설계'라고 하는 공사용 도면이 진행되는 단계에서의 변경은 쉽지 않다는 걸 꼭 아셔야 합니다. 물론 시간과 비용이 허락한다면 상관없겠지만요. 변경에 따른 추가비용이 실비 정도에 그칠 수 있지만, 이 비용도 서로 간에 느끼는 온도 차가 클 것입니다. 이런 상황을 만들지 않도록 가급적 계획설계에 충분한 시간을 두고 많은 고민을 하시기 바랍니다.

또 하나는 설계비 지급 조건입니다. 다른 곳에서 설계를 진행하다가 계약을 포기하고 찾아오는 경우가 더러 있는데, 설계비를 이미 선금으로 50% 지급한 경우가 많았습니다. 막상 계약을 하고 설계를 진행하다 보면 여러 이유로 설계자가 나랑 맞지 않은 경우가 있습니다. 그냥 포기하면 되는데 망설이게 되는 이유는 분명 설계비 때문입니다. 그래서 계약금을 가볍게 하는 게 좋겠다는 생각입니다. 그런 아쉬움을 방지하기 위해 선금 25%, 기본설계 완료 25%, 나머지 잔금 50% 정도로 지급

을 협의하는 게 좋을 것 같습니다.

단독주택 설계는 어느 정도의 기간을 두고 해야 하는지요?

단독주택 설계는 계획설계 2~3개월, 기본설계 및 인허가 1~2개월, 실시설계 1~2
개월, 이렇게 최소 4개월 이상 기간을 예상하는 게 좋습니다. 무엇보다 계획 단계,
즉 건물 배치계획이나 내·외부 공간계획, 그리고 동선계획에 많은 시간을 할애하는
게 좋습니다. 이 계획안을 토대로 기본설계, 그리고 인허가 및 공사용 실시설계의
과정을 거치니까요. 이 계획설계 기간이 전체 설계 기간 중 절반 이상이 되어야 하
는 것은 이 기간 동안 배치계획이나 평면계획에 있어 여러 대안이 마련되어야 하기
때문입니다. 초안이 나온 후 큰 고민 없이 그대로 설계안을 확정하면 이후 현장에서
속된 말로 '물어뜯길' 위험이 큽니다. 특히 집을 짓는 도중 멋진 대안이 떠오른다면
(!) 그때는 너무 끔찍한 일이 벌어집니다. 현장에서는 계획을 되돌리기가 쉽지 않으
니까요. 그러니 계획설계 시 대안설계를 꼭 염두에 두시기 바랍니다.

건축에 대해 많이 아는 건축주, 전혀 모르는 건축주에게 각각 조언한다면요?

건축에 대해 많이 아는 건축주는 아무래도 기술적인 이해도가 높아서 요구사항이
많은 편입니다. 그건 별문제가 되지 않습니다. 그런데 건축에 대해 많이 알수록 설
계가 한쪽으로 치우쳐서 무미건조한 집이 될 수 있습니다. 다채롭고 흥미로운 공
간, 이야기가 넘치는 집이 되기 어렵지요. 그러니 건축에 대해 많이 아는 건축주라
면 알고 있는 지식이나 요구사항을 잠시 내려놓고 설계자의 제안 즉, 색다른 접근
이나 대안을 기대해보는 건 어떨까 싶습니다.

전혀 모르는 건축주에게는 이 말을 꼭 드리고 싶습니다. "건축주 주머니로 건축가
의 집을 짓게 됩니다."라고. 자기 집을 짓는데 전혀 준비되어 있지 않다면 나중에
불편한 부분이 생길 때 모든 화살을 설계자 탓으로 돌리게 됩니다. 하지만 그 집은
건축주의 집입니다. 그러니 사전에 집 짓기 관련 교육과 여러 세미나에 참석하셔서
정보습득은 물론 많은 분과 소통하면서 충분한 준비와 노력을 게을리하지 마시기
바랍니다. 좋은 집을 짓기 위한 첫걸음은 건축주의 관심입니다.

과거와 비교했을 때 최근 건축 시장에 어떤 변화가 있는지 궁금합니다

가장 피부에 와 닿는 건 역시 건축비 상승에 관한 이야기입니다. 작년(2021년) 같은 기준 대비 자재비가 거의 1.5배 이상 올랐습니다. 사실 작년 자재비가 폭등할 때는 철근 정도만 걱정했는데 이제는 오르지 않은 자재가 없을 정도가 되어버렸습니다. 더 큰 문제는 지금 이 폭등 현상이 자재비에만 그치고 있지 않다는 사실입니다. 덩달아 오른 인건비로 인해 설계는 끝났지만 공사를 시작하지 못하는 건축주가 제게도 두 분이나 있습니다. 오늘도 경남지역 레미콘업체들이 모두 파업에 들어가는 바람에 김해에 진행중이던 공사가 멈춰버렸습니다. 건축자재도 그렇지만 천정부지로 오른 인건비 때문에 계속 한숨만 내쉬고 있지요. 앞으로도 정말 걱정입니다.

최근 강화되고 있는 건축 관련 법규에 대한 의견이 있으시다면?

현장관리인 제도나 재해 예방 기술지도계약 등 현장에 큰 도움이 되지 않는 규제는 손을 봐야 한다고 생각합니다. 모든 비용을 건축주가 내야 하는데, 부담이 크지요. 특히 몇 해 전부터 시행되고 있는 단독주택 내진설계 적용은 실무적으로 봤을 때 단독주택 시장을 고려하지 않은 측면이 있다고 봅니다. 단층주택은 예외 조항을 두어도 구조적으로 무리가 없다고 생각합니다. 진부한 얘기지만 규제에 앞서 관련 전문가나 현장의 목소리를 조금이라도 들어줬으면 좋겠습니다.

건축사님의 경우엔 설계할 때 가장 중요하게 생각하는 점이 무엇인가요?

저는 단독주택을 설계할 때 중요하게 여기는 부분이 외부공간입니다. 특히 마당에 대한 접근 방식이 조금 다를 수 있습니다. 흔히 마당을 건물을 배치하고 난 후 자투리 공간, 혹은 나머지로 그리는데 저는 집의 중심공간으로 '안마당'을 그립니다. 여기에서 '안'은 말 그대로 안쪽에 있다는 의미로, 그만큼 프라이버시와 안정감을 중요하게 다룹니다. 그래서 이웃이나 도로에서 안마당으로의 진입은 철저히 막고, 맨발에 파자마 입은 채로 다닐 수 있는 즉, 내부화(Enclosed space)된 마당을 설계합니다. 밖에서는 아예 바라볼 수 없을 때도 있지요. 비밀의 정원이라기보다는 마당과 내부와의 연계를 잘 고려하여 내·외부의 쓰임을 극대화하려는 게 주목적입니다. 실내의 연장선처럼요.

대지 폭이 좁은 경우에는 오히려 건물 폭을 줄여 안마당의 규모를 확보하는 것을 제안하기도 합니다. 단독주택을 선택하는 가장 큰 이유 중 하나가 사실 '마당 있는 집'을 원해서인데, 설계를 하다 보면 정작 마당이 줄어듭니다. 마당이 아니라면 관리가 편한 아파트 같은 공동주택에서 뛰쳐나올 이유가 있었을까요? 결국 안마당이 있는 풍경은 제 설계의 가장 큰 특징이라고 말할 수 있습니다.

하나 덧붙이자면 집을 설계할 때 대개는 건물 내부공간에 많은 신경을 쓰는 데 비해 저는 내부와 외부가 이어지는 매개 공간에 신경쓰는 편입니다. 과거 우리 집의 다양했던 마루처럼 이 중성적인 공간을 통하여 내·외부를 하나로 연결하여 집을 다채롭고 스토리 있게 그리고 있습니다.

마지막으로 건축가로서 좋은 단독주택에 대해 정의를 하신다면?

앞서 나온 이야기와 중첩될 수도 있지만, 먼저 좋은 집이란 '주변과 잘 어울리는 집'이라고 정의하고 싶습니다. 제게는 튀는 집이 아니라 이질적이지 않고 관계에 묻혀 주변 풍경을 해치지 않는 집이 좋은 집이란 뜻입니다. 그런 측면에서 건물 외장재를 이웃이나 주변에 쓰인 재료를 고려하여 선택한 집이 될 수도 있습니다. 반면 아무리 예쁘고 잘난 집이라도 이웃의 프라이버시를 해치는 등 건축폭력을 행사하는 집은 최소한 제 기준으로는 좋은 집이 될 수 없다고 생각합니다.

또 하나, 건축의 본질은 '공간'이며 공간의 본질은 '쓰임'이라고 생각합니다. 그런 측면에서 내·외부가 서로 분리되거나 닫혀 있지 않고 상호 연계가 좋아서 '내부와 외부의 쓰임을 잘 고려한 집'이 좋은 집이라고 정의내리고 싶습니다. 과거 우리 전통의 집이 그러했듯이 내부와 외부의 쓰임이 좋아서 후대나 누구에게도 사랑받는 집, 이런 집을 좋은 집이라고 여기고 있습니다.

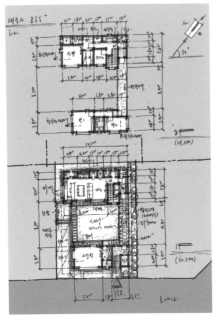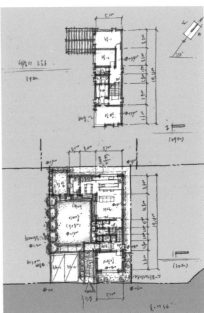

안마당을 배치하는 계획설계 과정

안마당 풍경(마루를 통해 내부와 외부를 연계한다)

건축주의 이야기를 담은 공간을 짓다

재귀당 건축사사무소 대표/소장 박현근
건축주와의 적극적인 소통을 통해 차별화된 공간을 설계하는 건축사. 다년간 쌓아온 경험을 토대로 2015년 재귀당의 문을 열었다. 2002년 경기도 건축대전 대상, 청소년 문화시설 공모전 우수상을 받았으며 2018년에는 'D-PROJECT'로 서울시장상을, '이이자기'와 '숨숨집'으로 경기도 건축상을 수상하였다. 현재 공공건물과 주택단지를 비롯하여 여러 프로젝트를 진행 중이다.

건축주의 의향을 많이 존중하는 건축사라고 들었는데요?

건축주의 의향을 많이 듣는다기보다는 건축주의 이야기를 많이 들어요. 건축주가 해달라는 대로 설계를 한다고 해서 좋은 집이 나오지는 않거든요. 단독주택 건축주가 생각하는 집은 대부분 아파트에 근거하기 때문에 본인이 고심하여 그린 평면도가 '잘 빠졌다'고 생각하지만, 그건 착각이기 쉽습니다. 평생 자기가 살아왔던 공간에 대한 정보의 틀을 깨기가 어려우니까요. 그래서 저는 그 사람이 왜 그렇게 생각했는지를 집요하게 물어요. 그러다 보면 마음에 있는 욕구가 드러나고 그 사람에게 맞는 공간을 찾을 수 있어요.

건축사 입장에서 어떤 건축주를 만나고 싶은가요?

저는 자기한테 맞는 집을 찾고자 하는 건축주를 만나야 동기부여가 돼요. 원하는 집의 모양을 정확히 그리는 건축주보다는 힘들더라도 백지에서 시작할 수 있는 건축주를 원하는 거죠. 그래야 힘들어도 재미있게 일할 수 있어요. 어떤 가치관을 갖고 있는지, 어떤 경험이 중요하고 어떤 걸 싫어하는지, 심지어는 세계관이나 정치색 등 살아온 이야기를 쭉 듣다 보면 '이분들이 원하는 집을 찾아주고 싶다'라는 동기부여가 확실히 되지요.

요즘 단독주택은 건축주와 닮았어요

사용자에 집중해서 설계를 하니까요. 방은 몇 개여야 하고, 어떤 모양이어야 하는 게 아니라 '왜 집을 짓느냐'에서 시작하다 보면 건축주에게 맞는 공간이 만들어지죠. 의식주 중에서 옷이나 음식은 원하는 것을 입고 먹는 즐거움을 느끼기가 쉬운 편이지만 집은 그런 즐거움을 느끼는 경험을 하기 어려워요. 누구나 도전할 수 있는 게 아니니까요. 맞춤옷과 요리도 기쁨을 주지만 내 집이 주는 기쁨의 크기와는 비교할 수 없어요. 나한테 맞는 공간을 찾아서 직접 짓고 살면 다른 무엇보다 큰 고차원적인 감동을 느낄 수 있지요.

예비 건축주가 제일 중요하게 생각해야 하는 점이 무엇일까요?

건축주는 짓고 싶은 집을 머릿속의 이미지로 생각하는데, 그게 자신의 삶과 어울리지 않는 경우가 많아요. 그래서 전 그 땅에 원하는 집이 지어졌다고 가정하고 그곳에서 뭘 하고 싶은지, 어떻게 움직이고 싶은지, 그 집의 '동선'과 '행위' 위주로 이야

원주 열린는 집 / photo by 이한울

157

기를 많이 나눠요. 토요일 아침에 어떻게 움직이는 게 좋은지, 혼자 있을 땐 뭘 하고 싶은지, 어떻게 움직여서 어디에서 커피를 마시고 싶은지, 계속 그렇게 상상을 하게 묻는 거죠. 이렇게 동선과 행위 위주로 이야기하다 보면 반복된 것을 캐치할 수 있고, 그 반복된 것이 바로 그 집에서 그분이 하고 싶은 거니, 그걸 담은 공간을 설계하는 거예요. 백지에서 원하는 공간을 찾아나가도록 유도하는 거죠.

건축주가 원하는 집을 지었을 때, 추후 매매가 어렵진 않을까요?

집을 짓는 목적은 자신이 살고 싶은 공간에서 살기 위해서이니 너무 많은 것을 생각하는 건 좋지 않아요. 전 재산을 들여 지은 집인데 다른 사람을 생각한 집은 취향이 아닌 옷을 입은 것처럼 신경 쓰이고 불편할 수밖에요.

모든 사람이 80% 좋아하는 집보다는 특정 사람이 150% 좋아하는 집이 더 잘 팔린다고 생각해요. 건축주가 원하는 집을 짓고 이후 팔아야 하는 상황이 되면 그 집과 어울리는 주인을 만날 수 있어요. 모든 사람이 대부분 좋아하는 집은 내 집 말고도 많잖아요. 그게 아니라 그 집만의 특징을 좋아하는 사람에게는 그 집의 가치가 훨씬 크게 다가오니 매매도 수월해요.

설계를 의뢰하는 분은 대부분 땅이 확보된 상태인가요?

땅을 확보한 상태에서 오는 경우도 많지만, 땅을 선택하기 전에 오는 분도 있어요. 그런 건축주가 진짜 똑똑한 분이죠. 무조건 정남향의 비싼 땅이 아니라 예산을 검토해보고 무리수를 두지 않고 땅을 매입해도 돼요. 그분들이 원하는 삶을 반영한 땅은 꼭 입지 조건이 최고인 땅이어야 하는 건 아니니까요.

설계를 의뢰할 때 건축주가 꼭 알아야 하는 게 뭘까요?

요즘 건축주는 공부를 많이 하고 오세요. 그런데 그럴수록 불안함이 커져서 즐겁게 집을 짓지 못해요. 건축은 책이나 영상으로만 배우기 어려워요. 최신 정보가 끊임없이 바뀌고, 건축주에 따라 좋은 집의 정의도 다르지요. 그래서 설계를 의뢰하는 시점에 건축주에게 꼭 필요한 게 상담이에요. 최대한 많은 상담을 통해서 여러 건축

용인 내동마을 / photo by 노경

사의 의견을 듣고 의심과 불안을 덜어내고 결정해야 후회하지 않아요.

선호하는 단독주택 공법이 있으신가요?

목조주택 위주로 설계한다고 아시는 분도 계신데 그렇지 않아요. 단독주택 건축주의 요구 사항에 맞추다 보면 목조주택을 짓게 되는 것뿐이죠. 비용적인 측면에서도 메리트가 있으니까요. 규모가 있는 건물은 콘크리트로 설계하고 있어요.

건축주 중에는 인테리어를 따로 설계해야 한다고 생각하는 분도 있는데, 간혹 인테리어 전문가에게 인테리어 설계를 맡기는 건축주도 있지만 사실 그 경계가 모호해요. '여기까지가 건축이고, 여기서부터 인테리어다'라고 경계를 나누는 게 명확하지 않은 거죠. 설계는 공간 기획을 포함하고 있으니 원하는 경우 같이 가구와 인테리어 자재를 고르면 돼요.

단독주택 설계와 시공은 어느 정도 기간을 잡아야 할까요?

단독주택을 짓기로 한 분들은 자기가 사는 집을 짓는 거여서 주택이나 아파트 시세에 따라 집 짓는 시기를 결정하진 않아요. 설계부터 준공까지 최소 1년 이상이 걸리니 경기에 따라서 결정하기보다는 인생의 큰 타이밍을 결정한 후에 그에 맞춰 준비를 시작하는 편이에요.

그중에서 설계는 최소 4개월에서 6개월은 잡아야 해요. 전 결혼과 집 짓기가 비슷한 행위라고 봐요. 설렘이 가득하지만 짧은 시간 안에 매우 많은 걸 결정해야 하니 스트레스가 심하죠. 그래도 결혼은 그런 과정을 극복하고 해내지만 집 짓기는 넘어야 하는 산을 보면서 '내 예산이 이건데 이걸로 내가 원하는 집을 지을 수 있을까?'만 묻다가 정작 설계는 시작도 못 하는 경우가 많아요.

진짜 전문가는 '예산에 맞춰 내가 원하는 집을 지을 수 있을까요?'라는 질문에 확답하지 않아요. 변수가 워낙 많으니까요. 그런데 대부분 설계를 구체적으로 시작하면 돈 때문에 집을 못 짓지는 않아요. 돈에 맞춰 우선순위를 설정하고 면적을 조정하면서 어떻게든 해내죠. 내가 이 집에서 어떤 시간을 보낼지 상상을 하다 보면 난관을 이겨낼 용기가 생겨요. 그래서 전 집 짓기에 있어 내가 살 집과 연애하는 기간

이 '설계'라고 생각해요. 여러 산봉우리를 넘어갈 힘을 주지요.

최근에 단독주택 설계를 의뢰하는 분은 연령대가 어떻게 되나요?

40~50대가 제일 많고 요즘은 30대도 많이 오세요. 직접 와서 계약하신 분 중에 70대도 계셨어요. 집을 짓고자 하는 이유는 정말 다양해요. 층간소음에서 벗어나 자유롭게 아이를 키우고 싶은 육아 문제로 오는 분도 있지만 건강상의 이유, 자연을 찾아서, 필요한 공간을 찾아서 집을 짓는 분도 계시죠. 요즘은 재택근무가 확산되면서 사는 공간과 일터를 분리한 집을 짓고 싶은 분도 많으세요. 죽기 전에 집 한 채 지어보고 싶다는 꿈을 이루러 오신 분도 있고요. 참 다양한 이유로 집을 짓기를 원하는 만큼 집의 모양도, 공간의 구성도 다양한 모습으로 설계합니다.

건축에 대해서 많이 아는 건축주와 전혀 모르는 건축주, 각각 어떤 조언을 하시겠어요?

많이 알고 있다고 해서 건축 전문가를 의심하지 않으셨으면 해요. 건축사는 기본적으로 기쁘게 일하는 사람들이기 때문에 의심하는 사람과 일하고 싶어 하지 않아요. 그러다 보니 건축사를 의심하는 건축주는 원하는 대로 저렴하게 해주겠다는 건축사를 만나게 될 확률이 높아요. 그런데 결과적으로는 건축비용도 더 들고 여러 불협화음이 생기지요. 너무 많은 정보는 본질을 잃게 할 수도 있어요. 건축하기로 마음을 먹었다면 건축사에게 진심으로 요구하고 대할 수 있어야 해요. 건축에 대해 전혀 모른다면 책을 읽는 것도 좋지만 무조건 상담을 많이 하세요. 그래야 자기한테 맞는 집을 지을 수 있어요.

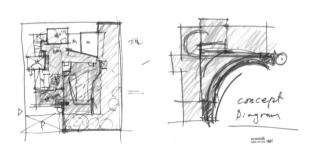

미리 보는 선향당

선향당은 7식구 대가족이 생활하는 메인세대와 수익형 임대세
대로 구성된 다가구주택이다. 2채의 단독주택이 측벽으로 붙어
있는 구조이면서 집 전체의 이미지는 1채인 것 같은 통일감 있
는 설계를 지향하였다. 임대세대 역시 층간소음에서 해방되고
대가족이 함께 단독주택 라이프를 즐길 수 있도록 설계하였다.

Information

대지 위치 : 경기도 용인 기흥	주택구조 : 철근콘크리트	준공연도 : 2021년 11월
주택종류 : 다가구주택	대지면적 : 423.1㎡(128평)	외장재 종류 : 벽돌, 징크
설계사무소 : 비움비건축사사무소	건축면적 : 190.02㎡(57.5평)	지붕재 종류 : 징크
시공사 : 토토종합건설(대표 이인규)	연면적 : 465.14㎡(140.7평)	주차 대수 : 6대
설계기간 : 6개월	가구수 : 2가구(주인세대, 임대세대)	
시공기간 : 7개월	층수 : 3층	

3층 콘크리트주택 측벽 분할 2가구 설계

선향당은 3층 다가구주택이어서 철근콘크리트로 시공하였다.
두 세대의 출입구를 별도로 두고 측벽으로 분할하여 층간소음에서 자유롭다.

information

1층 전용면적	169.69m²(51.3평)
2층 전용면적	150.02m²(45.4평)
3층 전용면적	145.43m²(44평)

1층

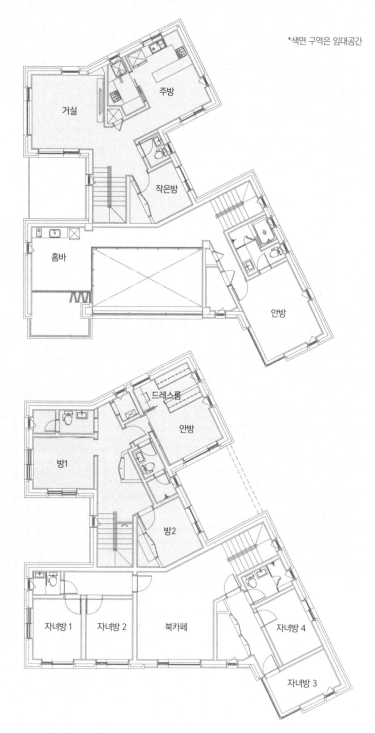

2층

*색면 구역은 임대공간

주방

거실

작은방

홈바

안방

3층

드레스룸

안방

방1

방2

자녀방 1

자녀방 2

북카페

자녀방 4

자녀방 3

독립적으로 설계한 임대세대

별도의 출입구를 만들어 생활공간을 분리하고 2층 높이의 테라스는 지붕이 있는 포치 느낌을 살려 아늑한 공간을 연출하였다.

진입 현관 설계

임대 공간의 포치 형태의 테라스. 야외용 테이블과 의자를 두고 바비큐 등을 즐길 수 있다.

독립 현관 설계. 1층 현관 앞에 중문과 신발장을 두었고, 계단을 오르면 2층 거실로 연결된다.

4인 가족이 거주하기 편하게 넓은 거실과 방 4개를 두었고, 주방 뒤에 보조 주방과 펜트리, 복도에 큰 수납장을 넣었다.

빛 환경 개선을 위한 공간 설계

임대 공간이 북쪽에 자리하고 있기 때문에 빛 환경이 좋지 않은 것을 보완하기 위해 건물 오른쪽을 들어가게 설계하였다.

이동이 편한 어머니 공간(1층)

가족 구성원 중 다리가 불편하신 어
머니를 위해서 1층에서 이동이 편한
생활을 할 수 있게 설계하였다.

다운 형태의 조적욕조와
개인 사우나를 설치하여
집에서 피로를 풀 수 있
게 하였다.

❶ 건식 세면대와 1인용 사우나

❷ 편히 오르내릴 수 있는 다운 조적욕조.
미끄럼방지 타일과 표면이 거친 대리석을
사용하였다.

❸ 한식으로 시공한 방문과 드레스룸 문

❹ 출입이 가능한 독립 통창

❺ 수납(창고)용 공간에 개방감을 살리는 반장을 넣어 가족 사진을 디스플레이할 수 있는 갤러리 벽으로 만들었다.

아내를 위한 공간(1층)

가족이 제일 오래 머무르는 거실과 주방을 한 공간으로 설계하고 쪽마루(마당)로 나가는 문을 유리문으로 하여 이동이 편하고 개방감 있게 만들었다.

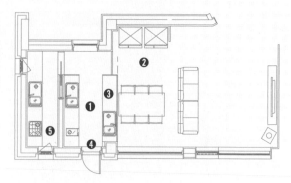

개수대가 거실쪽을 향하는 대화형 주방. 2단 라인등과 스폿 조명을 설치하였다. 아일랜드 식탁에 싱크볼을 두 개 넣고 그 아래 식기세척기를 넣어 편의성을 높였다.

❶ 벽쪽에 경사 후드와 인덕션을 넣고 옆에 키큰장을 넣어 수납을 극대화하였다.

❷ 거실 벽에는 김치냉장고와 냉동고, 냉장고를 펜트리와 일체형으로 길게 짜넣었다.

❹ 마당으로 이어지는 출입문. 반대쪽에는 주차장과 통하는 출입문이 있어 짐을 실고내리기 편하다.

❺ 메인 주방 뒤쪽의 보조 주방. 업소용 가스렌지를 설치하였다.

❸ 식기세척기를 아일랜드 식탁에 매립하여 사용 편의성을 높였다.

부부 공간(2층) : 홈바, 테라스

부부만의 공간으로 사용하는 홈바와 테라스. 내부와 외부의 공간을 같이 공유하기 위해 테라스를 건물 안쪽으로 들이고 폴딩도어(3중 로이유리)를 설치하여 모두 열었을 때 개방감이 좋다. ❶, ❷

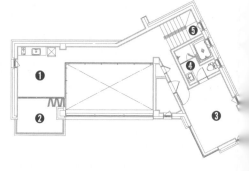

부부 공간(2층) : 안방, 욕실

부부 공간인 안방과 욕실을 2층에 두었다. 세탁실을 안방 바로 앞에 두어 생활 동선을 짧게 하고 ㄱ자형 붙박이장으로 안방 공간을 드레스룸과 수면 공간으로 분리하였다. 침대 헤드 쪽은 편백 루버로 마감하고 여름철 수면에 도움을 주는 실링팬을 설치하였다. 코너창을 설치하여 개방감이 좋다. ❸

욕실은 건식과 습식을 분리했다. 건식 부분의 바닥은 방과 동일한 SPC 돌마루를 시공하였다. 이 마루는 물에 강하기 때문에 일반 강마루나 원목마루와는 다르게 물청소나 스팀청소가 가능하다. 세면대는 이케아 서랍장 위에 대리석 상판을 사용하고 이케아 싱크자를 올려 탑볼로 시공하였다. ❹

습식 샤워 공간은 강화유리 파티션을 천장까지 막아서 완전히 분리하였고, 맞은편에 작은 욕조를 따로 두었다.

❺ 3층 드레스룸에서 2층 세탁실로 연결된 빨래통로

가족 공간(1, 2층) : 거실

거실은 2층 플로어를 개방하여 높은 개방감과 공간감을 가지는 높이(5.4m)로 설계하였다. 커다란 포세린 타일 4장으로 시원한 아트월을 시공하고, 전원주택 감성을 주는 벽난로를 설치하였다. 콘크리트주택이므로 골조 시공 시 연도를 만들기 위해 스테인리스 슬래브를 끼워 넣고 콘크리트를 타설하였다.

3층을 지나 옥상까지 연결된 연통

덴마크산 욈 벽난로. 불의 세기에 따라 공기량이 자동 조절된다. 거의 완전 연소를 하므로 연기가 나지 않아 도심에서도 사용할 수 있다. 대류열로 공기를 데워주며 난로 뒤쪽으로 열이 많이 방출되지 않아서 일반 내장재를 그대로 사용할 수 있다.

높은 층고의 거실은 펜던트등과 라인등을 설치하고 식탁에는 COB Type의 핀 조명을 추가하여 밝게 하였다. 홈바로 가는 복도의 난간은 개방감이 좋게 강화유리난간으로 하여 공간이 더 넓어 보인다.

벽에 설치한 환기 청정기는 외부 공기를 정화하여 내부 공기와 교환한다. 국내 업체(하츠)에서 출시한 신제품으로 A/S와 필터 교체가 쉽고 저렴하다.

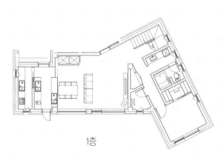

1층

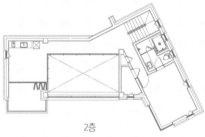

2층

아이들 공간(3층) : 방 4개, 욕실 2개, 북카페

3층은 아이들이 생활하는 공간이다. 아이들의 요구를 반영하여 각자의 방 4개, 욕실 2개,
그리고 북카페를 넣었다. 특히 여자 아이들 공간에는 드레스룸을 따로 넣었다.

❶ 첫째 아들 방은 박공천장에 라인등을 설치하고 오르내릴 수 있는 미니 다락을 넣었다.

❷ 둘째 아들 방은 평지붕으로 아늑하다.
원하는 전등을 설치해주었다.

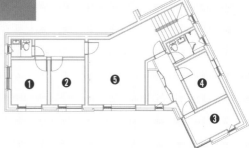

❸❹ 딸들 방은 모두 박공천장이어서 높은 층고 덕에 개방감이 좋다. 라인등과 펜던트등을
달고, 막내딸 방에는 코너창을 두어 인형 등을 올려놓을 수 있게 하였다.

❺ 북카페 : 책장과 책상을 놓고 아이들 공부 공간으로 사용하는 북카페.
아이들이 모여 공부하는 공간이므로 무절 편백 루버로 마감하고 환기 청정기를 설치하였다.
창 쪽에 갓등을 설치하고 창 밑에 테이블을, 양 벽면에 책장을 설치하였다.

루프탑 테라스(옥상)

박공지붕 사이에 아늑한 느낌을 주는 루프탑 테라스. 준공 후 공사로 태양광 패널 밑 공간에 인조잔디를 깔고 테이블과 의자를 두어 휴식 공간으로 활용할 예정이다.

마당

마당은 선향당을 지은 이유 중 가장 큰 부분을 차지하는 공간이다. 아이들이 맘껏 뛰어놀기도 하고 자연과 함께할 수 있는 공간이기도 하다. 건축사와 많은 논의를 거듭한 결과 넓고 외부 시야에서 자유로운 마당이 완성되었다.

시공에서
하자보수까지

내 집을 만나기 전, 꼼꼼히 채워야 하는 마지막 단추

누군가는 집을 지으며 10년은 늙었다고 하고, 누군가는 집 지은 것이 인생에서 제
일 잘한 선택이었다고 한다. 이렇게 집 짓기에 대한 극과 극의 평을 불러오는 것은
바로 시공에서의 어려움 때문이다. 지금 지으면 앞으로 수십 년을 함께해야 하는
집이니만큼 시공은 하나하나 꼼꼼히 따지며 진행해야 한다. 그러니 각각의 공정에
대한 이해가 필수이다.

시공사 선정하기

건축사 선정보다 더 어렵게 느껴지는 것이 시공사 선정이다. 시공사는 아는 데보다 잘하는 데를 직접 찾아야 한다. 불안한 마음에 지인에게 시공사를 소개해달라고 하는 것은 피하도록 하자. 최소 서너 군데 시공 견적을 받은 후 큰 항목별로 시공 견적을 비교하도록 한다.

실시설계를 마무리할 때가 되면 건축주에게는 또다시 고민이 생긴다. 어떻게 해야 나에게 맞는 제대로 된 시공사를 만나 합리적인 시공 금액으로 집을 지을 수 있을지에 대한 고민이다. 아는 시공사가 없다 보니 설계를 한 건축사에게 소개를 부탁하기도 하고, 지인을 통해 여기저기 시공사를 알아보기도 한다.

그런데 지인에게 소개를 받거나 지인이 직접 운영하는 시공사를 선정하는 경우에는 여러 가지 크고 작은 불만이 있어도 직접 말하기 어렵다. 또한 감리의 지적에도 건축주가 나서서 감리 담당자에게 이해를 구하는 어처구니없는 경우도 생긴다. 이런 경우가 빈번하기에 건축 전문가들은 절대 지인을 통한 시공사 선정은 하지 말라고 조언한다.

건축사에게 소개를 의뢰하는 경우 시공사와의 문제로 인해 건축사와의 관계마저 나빠질 수 있으니 신중해야 한다. 처음 건축을 진행하다 보면 이것저것 많은 부분이 마음에 들지 않기 마련이다. 시공사에 대한 불만을 시공사와 협의로 풀지 않고 소개해준 건축가에게 제기하면 건축사도 중간에서 난감하게 되고 작은 항의가 쌓여 관계가 나빠지기 쉽다. 200㎡ 미만의 소형 주택은 건축사가 시공감리까지 하는 경우가 있는데 이 때문에 시공사와 건축주 사이에서 관계가 명확하지 않아 문제가 발생하기도 한다. 물론 건축사사무소에서 다년간 함께 일해온 믿을만한 시공업체를 소개한다면 관리가 쉬워질 수도 있다. 다만 모든 상황에 대한 책임은 건축주의 몫이니 견적 검토는 필수이다.

대한민국 주택 시공 법률에 따르면 총 건축면적 200㎡를 기준으로 그 미만이면 직영 공사가 가능하고 그 이상이거나 다가구주택인 경우에는 종합건설면허를 가진 시공사에서 시공해야 한다. 여기에서 200㎡는 건물의 용적률에 들어가는 면적을 뜻하는 것으로 발코니나 주차장(필로티), 지하 공간, 다락 등은 포함되지 않는다. 그러니 우선 내가 설계한 주택의 규모가 어떻게 되는지 건축사에게 정확히 확인하고 그에 맞는 시공사를 선정해야 한다.

200㎡ 미만의 소형 주택을 건축할 경우 많이 이용하는 종합건설면허가 없는 건설업체는 우리가 생각하는 것 이상으로 재정과 규모가 열악하다. 따라서 여러 가지 기준을 꼼꼼히 살펴 시공사를 선정해야 집을 끝까지 잘 완성할 수 있다. 반면 종합건설면허를 가지고 있는 종합건설업체는 시공에 필요한 직접 공사비 외에도 각종 경비와 일반 관리비, 이윤, 그리고 총 금액의 10%가 부가가치세로 추가된다. 임대사업자라 하더라도 주택은 부가가치세가 환급되지 않으니 부가가치세를 포함하여 건축비를 산정해야 하는 만큼 비용이 커지지만 시공사기나 시공하자, 시공비의 변동이 거의 없다는 것이 장점이다.

1. 소형 단독주택 시공사 선정
직영 시공사 선정하는 방법

건축면적 200㎡ 미만이면 직영 공사가 가능하다. 일반적으로 직영 공사라 하면 건축주가 직접 현장소장처럼 현장에 상주하면서 공사 공정별로 단종 공사업체를 선정하여 공사를 발주하고 각 공정을 챙기는 것을 생각한다. 그러나 현장소장 또는 현장 대리인을 직접 고용하고 그 전문가를 통해서 시공을 관리 감독하면서 건축주는 자금과 자재 선정에만 참여하는 형태도 직영 공사라고 할 수 있다.

이러한 직영 공사의 장점은 뭐니 뭐니 해도 공사비를 최대한 줄일 수 있다는 것이다. 아무래도 모든 비용 지출이 실비로 진행되기 때문에 업체 몫의 중간이윤이 빠진다. 그러나 단점도 만만치 않다. 우선 건축주가 비전문가이기 때문에 생기는 문제가 많고 각 단종 공사업체 간의 업무 연결이 생각보다 어렵다. 따라서 직영으로 진행을 하고자 한다면 꼭 전문가와 현장소장 개념의 대리인 계약을 하여 이러한 단점을 보완하는 것이 좋다.

도급 공사는 건설면허가 없는 시공업체와 계약을 하여 공사를 진행하는 것이다. 예전에는 이런 업체를 그냥 '업자'라고 부르기도 하였다. 사무실을 제대로 가지고 있는 업체도 있지만, 사무실이나 직원 없이 사업자만 내서 하는 업체도 있다. 이런 업자를 통해 시공하는 경우 각종 날림 공사로 인한 시공하자가 발생하기도 하고 저가 견적으로 계약을 따낸 후 이런저런 핑계로 사양 변경을 하면서 공사비를 올려받는 등 피해 사례가 발생하는 경우가 많다. 법의 사각지대라고 봐도 무방하다. 현재 업계에서는 이러한 소규모 건축도 제도권에 들어올 수 있게 종합건설면허를 세분화하여 소형 주택도 허가받은 업체가 진행하게 하자는 청원이 진행되고 있다.

작은 규모의 단독주택이더라도 시공사 선정을 깐깐하게 해야 공사를 진행하면서 발생할 수 있는 불미스러운 일을 미리 예방할 수 있다. 합리적인 비용으로 공사를 진행해야 하는 건축주로서는 어떤 기준으로 직영 시공사를 선정하는 것이 좋을까? 가장 좋은 것은 정석대로 진행하는 것이다. 건축사사무소에서 실시설계까지 진행하고 시공사에서 세부 견적을 받아 비교한 후 선정하는 것이다. 시공사를 알아보고 선정하는 기준은 다음과 같다.

첫 번째, 시공 경험과 시공 현장을 확인할 수 있는 업체를 선정한다. 최근에는 온라인 카페를 만들어 매일 시공 현장에 관한 내용을 올리고 완공된 후에도 내용을 언제든지 열람할 수 있게 하여 예비 건축주들이 믿고 견적을 의뢰할 수 있는 업체가 늘어나고 있다. 이러한 업체일지라도 직접 시공한 집을 방문하여 시공 과정에서 시공사의 시공 능력과 문제 대응 방법에 관해서 확인하고 견적을 의뢰할 업체를 선정하는 것이 좋다.

이렇게 온라인으로 홍보하고 관리하는 업체들은 시공이 끝난 후 오픈 하우스를 열어서 예비 건축주들에게 시공한 집을 직접 보여주는 행사를 하기도 한다. 이런 일정이 온라인에 뜨면 사전 예약을 하고 직접 방문하여 상세한 내용에 대해서 상담을 하는 것도 좋다. 한 가지 더 추가하자면 온라인에 소개한 집 중 건축한 지 몇 년 지난 한두 집에 연락하여 살면서 생긴 하자는 어떤 게 있었는지와 그에 대한 시공사의 대응은 어떤지에 대해서 직접 확인하면 더 좋다. 종합건설업체가 아닌 경우 하자보증 담보를 하지 않는 곳이 많으니 업체가 사후관리를 어떻게 하는지에 대해서 객관적인 확인이 필요하다.

두 번째는 사업경력이 10년 이상 되고 꾸준히 시공해온 업체에게 견적을 의뢰하는 것이다. 가장 일반적인 방법이지만 과거에 잘해온 업체가 이번에도 잘한다는 보장이 없으므로 연간 몇 건의 시공을 해왔는지 사전 파악이 필요하다. 이러한 경우라도 위와 같이 직접 시공한 집을 확인하고, 건축한 지 몇 년 지난 집에 가서 사후관리를 어떻게 하는지를 꼭 확인하길 바란다.

세 번째는 종합건설업체를 이용하는 방법이다. 앞에서 말한 대로 종합건설업체는 구조적으로 시공비가 높을 수밖에 없다. 하지만 시공 후 하자보수가 잘 되고 업체의 규모 덕분에 다양한 시공 노하우가 있다는 점이 큰 장점이다. 또한 철근콘크리트주택 건설 시 수년간 밀접하게 일을 해온 협력업체가 있어서 최근 COVID19 사태로 불어 닥친 원자재 폭등이나 인부 부족과 같이 예기치 못한 상황에 대해서도 능동적으로 대처를 잘할 수 있다. 이러한 종합건설업체는 시공사 면허가 있어서 하자보증 보험에도 가입이 되어있다. 물론 보험 증서 확인은 필수이다.

마지막은 중·소규모 하우징 업체를 이용하는 방법이다. 건축 관련 전시회에 가면 여러 하우징 업체들이 부스를 차리고 상담을 한다. 이러한 하우징 업체 중에는 종합건설면허를 가지고 있는 업체도 있지만 대부분은 종합건설면허가 없는 직영 공사 형태의 업체들이다. 종합건설면허가 없다 보니 200㎡ 이상이나 다가구주택은 시공할 수 없다. 그리고 설계와 시공을 같이 하는 업체들이어서 설계를 따로 해온다고 하면 못 한다는 업체가 많고, 큰 규모의 하우징 업체는 시공을 통으로 하도급을 주는 경우가 많아서 같은 하우징 업체에서 시공한 집이라도 품질의 편차가 있다.

　하우징 업체에서 작은 시공사에 하도급을 주는 경우는 공사 마진을 하도급 업체와 하우징 업체가 나눠야 하므로 상당히 부실한 집이 지어질 수도 있다. 물론 설계를 따로 한 후 종합건설업체에서 시공한다고 해도 파트 별로 단종 업체(종합건설업체의 협력업체)에 하도급을 준다. 하지만 집의 시공 전체를 하도급 준다는 건 그 하도급 업체에서 다시 단종 업체로 재하도급을 준다는 의미이기 때문에 하도급이 한 단계 더 진행되는 것이다. 이런 경우 금전적 문제로 인해 설계 진행 시부터 건축주와 문제가 생기는 경우가 많다. 그러니 꼼꼼히 여러 하우징 업체를 만나 설계를 따로 해도 되는 업체를 골라서 선정하는 것이 좋다. 그래야 시공 견적을 정확하게 받아 보고 비교해서 선정할 수 있다.

2. 다가구주택 시공사 선정
종합건설회사 선정하는 방법

단독주택이라 할지라도 주택의 규모가 조금만 커도 200㎡를 넘긴다. 특히 가족 구성원이 많거나 마음이 맞는 지인과 뜻을 합쳐 듀플렉스 형태로 집을 설계하다 보면 200㎡를 초과하기 마련이다. 이러한 크기의 집을 건축하고자 한다면 반드시 종합건설면허를 가진 업체에서 시공해야 한다. 그리고 2가구 이상이 사는 다가구주택 역시 종합건설면허를 가진 시공사가 지어야 한다.

제도 시행 초기에는 '면대'라고 해서 종합건설면허를 가지고 있는 업체의 면허를 빌려서 시공하는 경우가 많았다. '부가세를 내지 않아도 된다, 시공비를 낮출 수 있다, 다들 이렇게 한다' 등 업자의 현혹에 넘어가서 덥석 계약하는 경우이다. 그러나 꼭 필요한 시공 과정에 드는 시공비는 면대라고 해서 줄어들지 않는다. 처음엔 시공비 견적이 낮아 선택했지만, 시공을 진행하면서 이러저러한 이유로 추가 금액이 발생하는 바람에 되레 손해를 입고 맘고생을 하는 건축주도 많다. 또한, 면대는 엄연히 불법이다. 정부 조사에 발각되어 사법처리까지 삼중고를 겪게 되는 경우가 생기기도 하므로 절대 면대 업체와는 계약하지 말아야 한다.

그럼 200㎡ 이상의 주택이나 다가구주택은 어떻게 시공사를 선정해야 할까?

첫 번째, 대한건설협회(www.cak.or.kr) 홈페이지를 통해 직전년도 종합건설업자 시공능력평가액 공시 파일을 내려 받은 후 건축 분야를 조회하여 시공능력평가액이 내가 시공하고자 하는 시공 금액보다 약 2~3배 정도 큰 업체를 확인한다.

여기서 상위에 오른 업체가 아니라 내가 시공하고자 하는 수준의 업체군을 찾는 이유는 우리가 짓고자 하는 건물이 단독주택 또는 다가구주택이기 때문이다. 규모가 큰 건설업체는 견적을 의뢰하거나 시공을 의뢰해도 잘 받아주지 않는다.

그렇게 찾은 적당한 규모의 업체 후보군 중에서 내가 시공하고자 하는 지역에 본사가 있는 업체를 추린다. 사실 시공 시에는 현장마다 현장소장이 배정되기 때문에 본사와의 거리는 크게 영향이 없을 수도 있다. 그러나 아무래도 같은 지역의 시공사가 지역마다 조금씩 다른 허가 사항을 잘 알고 있고, 가까운 곳에 협력업체들이 있어 공사 진행에 유리하다. 그러니 될 수 있는 대로 근거리 시공사를 선정하여 견적을 의뢰하는 것이 좋다.

견적을 의뢰하고자 하는 시공사 리스트가 완성되면 직접 전화를 걸어 '시공사를 찾고 있는데 견적 의뢰가 가능한지' 문의하도록 한다. 때에 따라서 일부 시공사는 현재 현장 일이 많아서 견적을 못 낼 수도 있고, 단독주택은 하지 않는 시공사도 있으니 충분한 업체 리스트를 선정하고 연락하여 견적 의뢰를 받아주는 업체를 선별해야 한다.

두 번째 방법은 근처 단독주택 지구나 토지가 있는 지역에서 공사를 진행 중인 종합건설업체를 확인하여 연락하고 견적을 의뢰하는 것이다. 이때는 현재 시공하고 있는 공사장의 상태를 자세히 보고 정리 정돈이나 시공 수준이 일정 수준 이상임을 확인한 후 연락하는 게 좋다.

이렇게 견적을 의뢰하고 싶은 시공사를 추리고 나면 본격적으로 상세견적을 요청한다. 건축사사무소에서 받은 CAD 도면(2D, 3D)과 토지 관련 정보를 시공사에 제공하고 상세한 견적을 요청하면 된다. 견적을 요청하면 통상 1~2주일 정도 걸리는데, 이보다 더 오래 걸리는 업체는 배제해도 좋다.

(1) 견적서 검토는 어떻게 할까?

견적을 받아 보면 시공사 간의 능력의 차이와 진정성을 어느 정도 가늠할 수 있다. 성의껏 상세견적을 산출하고 각종 이윤과 경비를 합리적으로 책정한 업체가 있는 반면 평당으로 대략 견적을 넣고 상세견적 의뢰 시 견적료를 요청하는 업체도 있다. 물론 정당하게 견적을 의뢰하고 그에 대한 진행비를 지급하는 것은 좋다. 그러나 터무니없이 비싼 견적료를 요구하는 업체는 아예 시공 의향이 없거나 향후 시공진행 시에도 분쟁이 발생할 확률이 높다.

상세견적서를 받아도 항목을 제대로 살피지 않고 총액만 비교하는 경우도 많다. 그도 그럴 것이 업체마다 견적의 항목이 달라서 정확히 비교하기 어렵기 때문이다. 그러나 견적서를 자세히 들여다보고 큰 공정별로 견적을 나눠서 비교해 보면 어느 정도 업체의 기준이 보이고 서로를 비교할 수 있게 된다.

견적서를 자세히 살펴보면 크게 인건비, 자재비, 가설비, 업체 이윤, 관리비 등으로 나뉜다. 항목별로 비교하다 보면 그 업체의 시공력도 가늠할 수 있고 업체의 견적 실력도 비교할 수 있다. 2021년 이후 날로 상승하는 원자재 가격을 감안하여 견적을 내는 업체도 있고, 현재 시점의 단가로 견적을 하고 나중에 시공을 하면서 추가 비용을 요청하는 업체도 있다. 향후 몇 년간 자재 가격이 상승할 것으로 예측되니 추후 비용 변동 시 어떻게 대처할 것인지에 대해서 논의한 후에 업체를 결정해야 한다.

다음은 내가 직접 여러 시공사에서 받은 견적서를 비교하며 발견한 문제이다.

부대 비용 과다 견적 : 건축주가 간과하기 쉬운 컨테이너 비용, 이동식 화장실 비용, 비계 비용 등 직접 건축비 외에 지출하는 비용이 큰 경우. 예를 들어 어떤 업체는 컨테이너를 3개 설치해야 한다며 그 비용으로 1,000만 원 이상을 넣었다. 전형적인 부풀리기이다.

인건비 과다 견적 : 총액은 비슷했으나 항목을 비교했더니 전체적으로 인건비를 높게 책정하고 직접 재료비를 낮게 책정한 경우도 있다. 이러한 업체와 시공을 하면 직접 재료비에서 추가 비용이 발생하게 되어 결국에는 전체 건축비가 상승한다.

업체 이윤 과다 견적 : 통상 직접건축비의 5% 전후 수준에서 이윤을 정하는데 전체 건축비(직접, 간접)에 7%를 넣어 건축비를 높게 책정한 경우

또한 간혹 견적에 내장 가구, 시스템 에어컨, 조경, 목공 등이 빠진 경우가 있다. 모두가 건축물을 완성하는 데 꼭 필요한 것이어서 설계도에 있는데도 견적에서 빼는 것이다. 이런 경우 나중에 공사 진행을 하면서 시공비에 대해서 이견이 생길 수 있고, 현장소장과 건축주가 긴밀하게 전체 시공 스케줄 관리를 하지 못하면 자칫 시공 타이밍을 놓쳐서 공사 지연으로 이어질 확률이 높다. 또, 건축주가 업체를 직접 수배하여 진행해야 할 수도 있으니 견적서에 빠진 부분에 대해서는 반드시 사전 협의가 필요하다.

(2) 업체 선정의 기준은 어디에 두어야 할까?

우선 세부견적서를 꼼꼼히 살펴 시공사 간 견적을 비교한 후 가장 마음에 드는 두세 개 업체를 고른다. 그런 다음 아래 사항들을 확인하여 최종 업체를 선정하는 것이 좋다. 무조건 가장 최저가를 제시한 시공사보다는 합리적으로 견적을 낸 시공사를 선정하도록 한다.

시공사의 자금 : 시공사의 견적과 시공 능력, 과거 시공 사례를 꼼꼼히 살펴서 마

음에 들었더라도 현재 시공사의 자금 여유 부분을 간과해서는 안 된다. 공사를 하다 보면 많은 변수가 발생하는데 대부분은 돈과 관련된 것이다. 시공사도 협력업체가 있으므로 이러한 협력업체와의 관계에서 금전적 문제가 생길 수도 있고, 2021년도 상반기 자재 대란과 같은 일시적 자재 가격 급등과 같은 위기 상황이 생길 수도 있다. 이런 상황에서 시공사의 자금력은 큰 힘을 발휘한다. 꼭 종합건설사가 아니라 직영 공사 업체도 마찬가지다. 자금력이 좋은 직영 공사 업체들은 책임 시공을 하는 편이다.

시공사 업력 : 시공사의 사업 기간이 얼마나 오래되었고 그 시공사와 거래하는 업체들이 얼마나 오랜 기간 같이 일을 하고 있느냐에 따라서 안정적인 자재 조달과 운영이 결정된다. 예를 들어 자재 가격이 폭등하여 중간 유통 업체에서 물량을 풀지 않는 상황에서도 오랫동안 거래를 이어온 업체라면 자재를 공급받을 수 있고, 원자재 가격이 오르더라도 일정 기간 이전 가격으로 받을 수도 있다. 재고로 확보하고 있는 자재에 대해 가격 인상분을 모두 반영하지 않고 공급해주어서 시공사의 리스크를 줄여주는 것이다.

준공(사용승인) 후 잔금 여부 : 대부분, 준공(사용승인) 후에 일정 금액의 잔금을 치른다. 공사가 다 끝나고 이사를 해야 현재 사는 집의 보증금을 빼서 잔금을 치를 수 있다거나, 다가구주택의 임대세대 보증금을 받아서 잔금을 내야 하는 경우도 있다. 건축주에게 여유자금이 충분하다면 좋겠지만 대부분은 이처럼 건물이 완공

되어 준공을 받아야 공사비를 완납할 수 있으니 시공사와 계약 전에 준공 후 잔금의 규모와 일정을 반드시 협의해야 한다. 이때 잔금의 규모를 결정하는 건 시공사의 자금 여력과 업력이다. 따라서 위와 같은 사항을 모두 종합적으로 고려하여 시공사를 결정해야 한다.

가장 좋은 것은 그 시공사에서 건축한 집을 찾아가서 직접 보는 것이다. 완공된 집을 보는 것이야말로 해당 시공사의 시공력을 확인할 수 있는 최고의 방법이다.

나는 최종적으로 시공사를 선택하기 전에 시공사에서 시공한 주택 세 군데를 직접 방문하여 시공 상태와 건축주의 만족도를 확인하였다. 그중 양재동에 시공한 '아미하임'이란 다가구주택은 건축주가 시공 과정과 건축 팁을 직접 책으로 출간하여 펴낸 《임대수익 나오는 꼬꼬마 빌딩 짓기》란 책의 주인공이기도 했다. 이렇게 직접 현장에 가보고 사후관리까지 확인한 업체라면 믿음이 갈 수밖에 없다.

(3) 공사비 지급은 어떻게 할까?

예전에는 공사비를 선지급하여 문제가 생긴 경우가 많았지만 제대로 된 시공사와 계약한다면 크게 걱정하지 않아도 좋다. 공사비는 계약금(10%)을 시작으로 '기성'이라고 하여 1개월, 또는 일정 공정 진행 후 공사한 만큼 청구하여 치르게 된다. 잔금은 통상 준공(사용승인) 이후에 지급하며 업체마다 10%~30%까지 다르다.

1가구 단독주택이 아니라 다가구주택을 지어 전세(혹은 월세) 보증금으로 공사 잔금을 치러야 하는 상황이라면 반드시 잔금 일정에 대해 미리 시공사와 협의해야 한다. 세가 빨리 나가지 않을 경우를 대비해 잔금 지연에 대해서도 서로 합의를 해두는 것이다. 돈과 관련된 일일수록 예상 가능한 모든 상황에 대해 사전 협의를 한 후에 명확하게 진행하여야 서로의 분쟁을 줄일 수 있다.

시공을 하다 보면 부득이 설계 변경으로 인한 추가 비용이 발생할 수 있으니 이에 대해서도 염두에 두어야 한다. 시공단계에서 예상외로 가장 크게, 그리고 많이 발생하는 추가 비용이 건축주에 의해서다. 설계단계에서는 잘 몰라서 건축사가 설계한 대로 승인했다가 실제로 시공한 모습을 보니 불편하다고 생각되어 수정하는 경우가 제법 많다. 최근에는 설계 시에 3D 모델링을 제공하기도 하여 이와 같은 변경이 크게 줄기는 했지만, 아직도 이러한 변경이 많다. 이런 경우 철거 후 재시공을 해야 하므로 큰 비용이 추가로 발생한다.

그다음으로 많은 것이 자재 변경이다. 이 역시 설계 당시 결정한 자재가 맘에 들지 않아서 변경하는 경우로, 견적서를 작성할 당시 재료비와 달라져 비용이 상승하게 되고 이러한 비용은 건축주가 추가 부담을 해야 한다. 그러니 설계 과정에서 최대한 건축주가 꼼꼼하게 검토하여 변경을 최소화하는 것이 좋다.

다음은 '선향당'의 공사 원가 계산서와 공정별 집계표이다. 실제 공사 견적은 훨씬 복잡하나 큰 항목을 살필 수 있도록 최종 원가 계산서와 집계표를 넣었으니 비슷한 항목별로 비교 검토할 때 참고하길 바란다.

선향당 공사 원가 계산서

비목			금액	구성비	비고
순공사원가	재료비	직접 재료비	422,243,802		
		간접 재료비			
		작업설, 부산물 등			
		소계	422,243,802		
	노무비	직접 노무비	273,096,900		
		간접 노무비	23,213,236	직접노무비 x 8.5%	
		소계	296,310,136		
	경비	기계경비	22,283,520		
		공통가설비			
		산재보험료	12,000,560	노무비 x 4.05%	
		고용보험료	2,637,160	노무비 x 0.89%	
		건강보험료	13,333,956	노무비 x 4.50%	
		연금보험료	9,244,876	노무비 x 3.12%	
		노인 장기요양 보험표	1,466,735	건강보험료 x 11.00%	
		퇴직 공제부금비			
		안전관리비	7,954,697	(재+직노+관급) x 1.14%	
		기타경비	14,371,079	(재+노) x 2.00%	
		건설하도급대금, 수수료			
		환경보전비			
		소계	83,292,583		
계			801,846,522		
일반관리비			28,064,628	계 x 3.50%	
이윤			40,092,326	계 x 3.50%	
공급가액			870,000,000	천 원 단위 절삭	천 원 단위 절삭
부가가치세			87,000,000		부가가치세 별도
도급액			870,000,000		957,000,000

공정별 집계표

품명	재료비	노무비	경비	합계
건축공사	0	0	0	0
010101 공통가설공사	4,715,000	4,970,000	9,350,000	19,035,000
010102 가설공사	8,139,430	22,713,000	3,000,000	33,852,430
010103 토공사	1,300,000	1,020,000	115,000	2,435,000
010104 지정공사	820,000	820,000	501,320	2,141,320
010105 철근콘크리트공사	123,528,690	85,572,900	3,929,200	210,030,790
010106 조적공사	33,168,500	34,013,500	2,500,000	69,682,000
010107 미장공사	5,336,500	20,167,000	175,500	25,679,000
010108 타일공사	4,905,000	4,737,000	137,500	9,779,500
010109 방수공사	2,026,000	4,251,000	215,500	6,492,500
010110 금속공사	31,100,000	400,000	0	31,500,000
010111 창호공사	40,350,000	0	0	40,350,000
0101012 유리공사	17,115,000	1,908,000	0	19,023,000
010113 석공사	7,250,000	3,925,000	75,000	11,250,000
010114 징크공사	18,310,000	6,806,000	242,000	25,358,000
010115 도장공사	13,600,000	12,825,000	0	26,425,000
010116 목공사 및 수장공사	31,115,000	18,550,000	290,000	49,955,000
010117 기타공사	22,090,000	268,000	32,000	22,390,000
010118 부대토목공사	4,123,500	2,384,500	20,500	6,528,500
010121 조경공사	4,188,000	4,250,000	1,700,000	10,138,000
기계소방설비공사	34,561,682	26,016,000		60,577,682
전기통신소방공사	14,501,500	20,500,000		35,001,500
합계	422,243,802	273,096,900	22,283,520	717,624,222

주택 시공 공정

건축주가 주택 시공의 주요 공정에 대해 이해하고 있어야 의사 결정이 필요할 때 협의가 가능하다. 목조주택과 철근콘크리트주택은 시공 방법이 조금 다른데, 다음에 소개하는 주요 공정은 철근콘크리트주택을 기준으로 한다.

시공 단계에 들어서면 건축주가 해야 할 역할은 공정 하나하나를 부지런히 확인하는 것이다. 그러니 각 공정에 대한 기본적인 이해가 필수다. 건축주가 주택 시공 공정에 대해 이해하고 있어야 시공사에서 선정한 현장소장과 각종 협의를 할 때 결정이 쉽고, 예기치 못한 실수를 예방할 수 있다. 모든 일이 그렇듯 공사 현장에서도 건축주가 챙겨야 한 번이라도 더 보고 점검한다.

시공 방법이나 순서, 기간은 시공사나 현장 상황마다 조금씩 다르지만 큰 틀에서 보면 착공허가가 나온 후 기초 공사, 골조 공사, 외장 공사, 창호 공사, 설비, 전기, 내장, 조명, 가구, 잔손 보기, 준공 순으로 진행된다.

철근콘크리트주택은 6개월, 목조주택은 4개월 정도 소요되는데 기상 조건(특히 장마, 우기)이나 자재 수급 상황에 따라 1~2개월 더 걸리기도 한다. 평생 살 집을 짓는데 서두르는 것은 절대 좋을 리 없다. 예상치 못하게 공기가 지연되더라도 하자 없이 좋은 집을 짓기 위해서는 시공사와 잘 협의하며 진행하는 것이 좋다.

주택 시공 주요 공정

기초 공사	건물의 기초를 만드는 공사로 철근콘크리트로 시공한다.
골조 공사	철근콘크리트, 목조, 경량 철골 등으로 뼈대를 만든다.
외장 공사	벽돌, 대리석, 각종 사이딩 등으로 건물 외부를 마감한다.
창호 공사	시스템 창호, 하이샤시 등으로 창을 넣는다.
설비	냉방, 난방, 수도, 하수도 등을 시공한다.
전기	전기를 인입하고 배전하여 전력과 전등을 사용하게 한다.
내장	건물 내부 마감 공사로 주로 목공사를 말한다.
조명	집의 분위기나 완성도에 중요한 요소이다.
가구	건물에 맞춤으로 붙박이장 등을 설치한다.
잔손 보기	시공 완료 후 준공(사용승인) 검사 전에 하는 각종 마무리.
준공	건축 허가 사항을 준수하여 시공했는지 검사하고 승인한다.

// 지반 조사를 통해 지반이 약한 경우 지반 보강 공사를 선행해야 한다.

(1) 공사 일정은 어떻게 잡아야 할까?

집을 짓는 데 있어 일정을 잡는 것은 매우 중요하다. 집을 짓겠다고 결정했다고 당장 공사에 들어갈 수 있는 게 아니기 때문이다. 착공을 위해서는 설계 및 행정 처리를 거쳐야 하는데 이 과정이 생각보다 오래 걸린다. 또한 대지 평탄화 작업이 되어 있다면 바로 시공이 가능하겠지만 집이 있는 곳이면 철거를 선행해야 하며, 땅을 성토해야 하는 곳은 개발행위허가를 받아 토목 공사를 먼저 진행해야 한다.

무엇보다 공사는 날씨의 영향을 받는다. 비가 오면 공사는 중단되고, 기온이 영상 3도 이하로 떨어지면 콘크리트 양생에 무리가 생긴다. 그러니 봄인 3월이나 가을인 9월에 공사를 시작하되 6개월 전에 미리 설계 및 인허가, 토목 공사 등을 모두 마무리해 놓아야 한다.

경계측량 : 건축 전에 인접한 토지와의 경계를 확인하고 이격 거리를 지키기 위해 꼭 해야 하는 과정이다. 새로 조성된 택지지구는 경계선이 제대로 표시되어 있지만 그렇지 않은 경우 측량을 하면 기존 지적도와 현황이 달라 설계 수정이 필요할 수 있다. 경계측량을 할 때는 시공사와 건축주, 건축사가 함께 현장에 있는 것이 좋다.

(2) 지반 조사

지반 조사는 기초 공사를 하기 전에 지반의 상태를 조사하는 검사이다. 2020년부터 강화되기 시작하여 지차체에 따라 착공허가 시 평판재하시험성적서를 요구하기도 한다. '평판재하시험'이란 커다란 평판을 놓고 거기에 무거운 하중을 주어 지반이 침하하는 수치를 측정하는 시험이다. 나중에 그 땅 위에 무거운 건축물을 올렸을 때 과연 이 땅이 얼마만큼의 지내력(버티는 힘)을 가지고 있는지 알아보는 방법으로, '지내력 검사'라고도 부른다. 이 결과에 따라 지반 보강 공사가 필요하다고 여겨지는 경우 '표준관입시험'으로 지반 보강 공사 여부를 결정한다.

(3) 기초 공사

지반 조사 결과 착공허가가 나오면 건물의 기반을 만드는 가장 중요한 기초 공사를 시작할 수 있다. 기초 공사는 터파기, 버림콘크리트 타설, 규준틀 설치(먹매김), 기초 철근 배근 및 기초 콘크리트 타설, 양생, 되메우기 등이 진행된다. 전체적인 기초 공사 과정은 약 7~10일 정도 소요되는데 이 과정 중에 전기, 통신, 수도, 오수 등의 배관 설비 작업을 완료하므로 매우 중요한 공정이다. 콘크리트를 타설할 때는 레미콘과 펌프카가 계속 대기해야 하므로 인근 도로의 통행을 방해할 수 있으니 미리 주변에 양해를 구하는 것이 좋다.

터파기, 버림콘크리트 타설 : 터파기는 공사의 시작으로 건물의 기초를 만들기 위해 지면을 파는 것이다. 약 1m 정도 깊이로 파는 것이 일반적인데 반드시 동결심도 이하로 파야 한다. 동결심도는 겨울철 흙 속의 물이 어는 동결층과 미동결층의 경계가 되는 곳까지의 지반 깊이로, 지역에 따라 다르다.

터파기 이후 잡석을 약 20cm 두께로 깔아주고 버림콘크리트를 타설한다. 버림콘크리트란 말 그대로 버려지는 용도로 콘크리트를 붓는 것으로 표면을 고르게 만들어 규준틀을 정확히 설치할 수 있게 한다. 콘크리트가 잘 양생되도록 토지의 습기를 빨아들이는 것을 방지하기 위해 잡석 위에 비닐을 깔고 버림콘크리트를 타설한다.

규준틀 설치(먹매김) : 버림콘크리트가 양생되면 규준틀 설치(먹매김)를 진행한 다. 말뚝을 박고 끈을 매어 정확하게 집의 위치를 잡는 과정으로 이에 따라 건물의 위치, 건물 기둥의 위치, 벽체의 위치, 기초의 높이 등이 정해진다.

기초 철근 배근 : 버림콘크리트 위에 철근을 배근한 뒤 우수관로, 오수관로, 하 수관로 등 배관 매립을 진행한다. 예전에는 터파기 후 버림콘크리트에 배관을 매립 하기도 했지만 요즘은 건물 기초 하부 철근과 상부 철근 사이에 배관을 매립한다.

기초 거푸집 설치 및 기초 콘크리트 타설 : 배관 공사가 마무리되면 배관이 단단 히 고정되었는지 확인한 후 기초 콘크리트를 타설한다. 기초에 묻히는 배관들은 신 경을 많이 써야 한다. 한번 콘크리트를 붓고 나면 수정이 어렵기 때문이다.

거푸집은 콘크리트를 붓는 틀이다. 콘크리트가 쏟아질 때 엄청난 무게의 콘크리 트 하중과 측면 압력을 견뎌야 하므로 거푸집의 역할이 매우 중요하다. 기초 콘크리 트는 건물의 단단한 바닥에 해당하는데 시공 과정에서 거푸집이 터지지는 않는지 확인하고 3일 정도 양생한 후 거푸집을 해체하고 다음 공정을 진행한다.

이러한 기초 공사 후에는 기초 옆면에 단열재를 붙이고 기초 되메우기를 하는 것 이 좋다. 바닥 난방을 하는 우리나라의 특성상 기초를 통해서도 열이 빠져 나가기 때문이다. 시공사에서 생략한다면 건축주가 반드시 챙겨서 하는 것이 적은 돈으로 큰 효과를 보는 방법이다.

여기까지의 기초 공사는 목조나 철근콘크리트조나 동일하다. 다만 목조는 기초 공사를 마친 후 수평을 맞추고 벽체를 올리는 작업을 시작하는 반면 철근콘크리트 조는 기초 공사와 골조 공사 공정이 연계되어 진행된다. 철근을 배근하고 거푸집을 조립하고 콘크리트를 타설하는 순서로 진행되는데 각 과정마다 감리가 필요하다.

층별 공사는 앞의 과정이 반복된다. 규준틀 설치 – 거푸집 설치 – 단열재 시공 – 벽체 철근 가공 및 조립 – 1층 천장이자 2층 바닥이 되는 슬래브 설치 등의 작업 이다. 이 과정에서 전기, 수도, 통신선 등을 매설하는 작업이 동시에 진행된다. 이 과정이 완료되면 콘크리트를 타설하고 양생한다.

이어서 소개하는 자료는 '선향당'의 공사 공정표와 세부 공정 설명이다. 실제 공 정표는 주 단위로 공사비까지 넣어서 더 상세하게 점검했으나 대략적인 공정을 이 해하는 데 도움이 되도록 월 단위로 정리했다. 대략 4월에 시작하여 10월까지 6개 월 이상이 소요되었다.

선향당 공사 공정표

구분	3월	4월	5월	6월	7월
공통가설공사	가설펜스		공통가설공사		
가설공사			가설공사(현장정리 外)		
토공사		터파기			
지정공사		팽이기초 시공			
철근콘크리트공사			기초~지붕		
단열공사					우레탄폼 외단열
조적공사					외부 벽돌 쌓기
미장공사					바닥온돌, 벽체 미장
타일공사					
방수공사				지붕 방수	욕실방수
금속공사					핸드레일 外
창호공사					
유리공사					
석공사					마그네슘보드, 옥상
징크공사					
도장, 도배공사					
목공사 및 수장공사					실내 석고보드
가구공사					
부대토목공사					
조경공사					
장비설치공사					
위생기구설치공사					
급수급탕배관공사			급수, 급탕 매립 배관		
오배수배관공사			오배수 매립 배관		
바닥난방설치공사					
EHP설치공사					에어컨 배관
가스배관공사					내장가스 배관
전기설비공사			전기 매립 배관		전선 포설
조명공사					
통신설비공사			통신 매립 배관		
소방설비공사					

8월	9월	10월	구분
공통가설공사	공통가설공사	공통가설공사	컨테이너 사무실, 이동화장실, 폐기물 처리비, 수도 전기 공과금 등
	가설공사(현장정리 까)	가설공사(현장정리 까)	시스템 비계, 수평식 이동 비계, 동바리 설치, 수평규준틀 등
	되메우기		굴토 및 상차, 터파기, 되메우기
마당 옹벽 시공			견적 외 건축주 지정공사
		주차장	거푸집(유로폼), 철근 배근, 레미콘 등
			각관 하지 작업, 우레탄폼 시공, 타포린 포장
			벽돌 쌓기(내진 철물 시공), 메지 작업
			실내 바닥 방통 미장, 외부 벽체 미장
바닥온돌, 벽체 미장	바닥온돌, 벽체 미장		욕실, 주방, 보일러실, 전실 시공
욕실, 주방, 보일러실			지붕(방수포), 옥상(제물, 액상), 욕실(바닥, 벽) 방수
옥상 방수			계단, 난간(2층, 테라스, 옥상) 금속물 공사
핸드레일 까			창호 실측, 설치(기밀) 공사
시스템 창호			설치된 창호에 유리 설치 공사
	3중 로이유리 까		외장 석재 시공, 내장 대리석 시공
	현관, 테라스		외장(지붕, 외벽, 주차장 천장) 징크 공사
지붕, 벽, 주차장 천장			실내 도장(벽 페인트, 창틀 계단판 니스) 공사
	실내도장		석고보드, 실내 천장, 몰딩, 걸레받이, 바닥재 공사
실내 석고보드		바닥재	싱크대, 붙박이장, 신발장 등
		싱크대 까	우수, 하수 관로 공사, 각종 맨홀 공사
		외부 부대 토목	법정 조경, 옥상 조경, 마당 잔디 공사
		잔디, 조경수 식재	보일러 설치 및 시운전
	보일러 설치, 시운전	보일러 설치, 시운전	세면대, 변기, 샤워 부스, 수전 공사
		욕실 설비	수도(온수, 냉수) 배관 공사(매립 배관은 철근 배근 때 같이 시공)
	마무리 배관		오수, 하수 배관 공사(매립 배관은 철근 배근 때 같이 시공)
	마무리 배관		보일러 난방 배관(XL 파이프) 시공
바닥배관			시스템 에어컨 공사(목공사 전 배관 먼저 시공)
			외장재 내부에 매립 배관의 경우 배관 먼저 시공
전선 포설	스위치, 콘센트	인입, 허가	전기 관로 먼저 철근 배근 때 같이 시공 목공사 전 전선 포설 공사 → 목공사 후 스위치, 콘센트 설치
	조명 설치		도장, 도배 후 조명기구 설치
		인입, 허가	LAN, CCTV 공사(매립 배관은 철근 배근 때 같이 시공)
		소방기구 설치	각종 소방 감지기, 소화기 설치

선향당
건축 과정

PRE STEP 01

지반 조사

2021.3.

선향당이 위치한 용인시에서는 착공허가 시 평판재하시험성적서 제출을 요구하고 있다. 평판재하시험성적서를 본 구청 담당자는 표준관입시험을 추가로 요구하였고 그 결과 연약 지반이니 지반 보강 공사를 하라는 지시를 받았다.

평판재하시험

커다란 평판을 놓고 거기에 무거운 하중을 주어 지반이 침하하는 수치를 측정하는 시험으로 그 하중의 크기와 재하면의 침하 정도로부터 기초지반이나 흙 쌓기 지반의 지반계수를 구하는 시험이다. 간단한 시험 방법으로 표면의 지내력을 측정할 수 있어 지내력 조사라고 부르기도 한다.

표준관입시험(Standard Penetration Test)

흙의 다짐 상태를 알아보기 위해 지반에 구멍을 뚫은 후 63.5kg의 해머를 75cm의 높이에서 자유낙하시켜 30cm 관입시키는 데 필요한 해머의 타격 횟수(N값)를 구하는 시험이다. 지반 조사의 보편적인 방법이다.

표준관입시험을 시행하면 시추주상도가 나오는데 이에 따라 바로 공사를 진행할 수 있는지, 또는 지반 보강 공사를 해야 하는지 결정한다. 선향당 토지의 경우 지하 9m까지 매립토로 N값이 20 이하여서 지반 보강 공사가 필요한 연약 지반이었다.

평판재하시험

표준관입시험 시추 전경

PRE STEP 02

지반 보강 공사

2021.3

표준관입시험을 통한 내부 지반 조사 결과 연약 지반이란 결과가 나오면 꼭 보강 공사를 해야 한다. 지반 보강에는 상당히 큰 비용이 발생하므로 부담이 되지만 다른 한편으로는 주택의 변형을 방지할 수 있고 혹시 모를 지진에 대비할 수 있어서 오히려 이러한 연약 지반을 찾아 보강하는 것이 다행일 수도 있다. 지반 보강 공사는 건축물이 올라가고 있는 상황에서는 하고 싶어도 할 수 없기 때문이다. 지반 보강 공사를 한 후에는 평판재하시험으로 다시 지내력을 확인한다.

퍼즐 소일 공법

내부 마찰각이 50도 이상인 토사 또는 특정 골재를 배합한 천연 보강재 퍼즐 소일로 지반을 보강하는 방법이다. 이 공법은 비교적 저렴한 시공비로 연약 지반을 보강할 수 있어서 단독주택과 같이 작은 건축물에 많이 사용하고 있다. 연약 지반을 고르게 다듬은 후 퍼즐 소일을 20~60cm 두께로 붓고 다진 후 지내력을 확인한다.

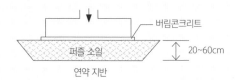

퍼즐 소일 반입 후 포설

포설 후 다짐

팽이 기초 공법

팽이 기초 공법은 팽이 모양으로 생긴 파일 구조물을 기초지반 표면에 설치한 후 콘크리트를 타설하고, 팽이 사이의 공간을 쇄석으로 채워서 다지는 공법이다. 지지력이 약한 지반 위에 주택을 시공할 때 지지력 증대와 침하 억제의 효과를 동시에 거둘 수 있다. 팽이 기초 공법은 안정성과 내진성이 우수하며 소음 및 진동이 적어 도심지에서 시공하기 좋고, 공정이 단순하며, 협소한 장소에서도 시공할 수 있다. 또한, 건축물 외에 토목 구조물의 기초 보강으로도 사용할 수 있다.

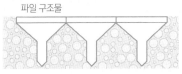

파일 구조물

쇄석 포설 및 다짐

❶ PP 매트 설치 및 팽이 모양 파일 구조물 설치

❷ 파일 구조물에 콘크리트 타설

❸ 쇄석 포설

❹ 쇄석 다짐

기초 공사

2021.3

기초 공사는 터파기, 버림콘크리트 타설, 규준틀 설치(먹매김), 기초 철근 배근 및 콘크리트 타설, 기초 거푸집 설치 및 기초 콘크리트 타설, 양생 순으로 진행한다. 선향당 토지는 팽이 기초를 하며 기초를 두껍게 했기 때문에 버림콘크리트 타설을 하지 않고 터파기 후 규준틀을 설치하고 팽이 기초 후 규준틀을 한 번 더 설치하였다. 연약 지반이 아닌 일반적인 지반이면 지반 보강 공사를 하지 않고 기초 공사를 진행한다.

규준틀은 건물의 위치와 높이를 정확히 하는 것으로 모든 시공물의 높이는 이를 기준으로 한 GL(ground level) 값으로 나타낸다.

보통 규준틀 설치 과정을 시공사에 맡기는데 주변에 건물이 없는 토지에서는 간혹 실수가 발생하기도 한다. 나중에 건물 위치가 잘못되어 준공 검사 때 주차장 면적이 안 나온다거나 도로와 건물의 이격거리가 나오지 않아서 문제가 발생할 수 있으니 현장소장이나 감리 담당자에게 'GL 값'을 확인해 달라고 요청하는 것이 좋다. 큰 문제를 예방할 수 있는 간단한 방법이다.

터파기 후 규준틀을 설치하였다.

팽이 기초 후 규준틀을 다시 설치하였다.

팽이 기초 위에 왼쪽부터 차근차근
기초 철근을 배근 중이다.

배근은 철근을 설계에 맞춰 배열하는 과정이다. 크게 기초-기둥-벽-슬래브-계단 순으로 배근한다. 철근은 가장 중요한 자재이니 입고되는 철근에 붙어있는 꼬리표로 인장강도와 원산지 등 스펙을 확인해야 한다. 건축주가 확인하는 것만으로도 계약과 다른 자재를 쓰는 문제를 방지할 수 있다. SD350, SD400, SD500 등은 인장강도를 나타내는데 선향당은 SD400을 사용하려 했으나 2021년, 철근 가격이 두 달 사이에 두 배가 넘게 상승하면서 자재 수급이 어려워져 SD400과 SD500을 같이 사용하였다.

기초 철근을 배근할 때 상하수도 배관과 전기 배관을 함께 매설한다. 이때 구조도면을 꼼꼼히 살펴 배관을 제 위치에 자리 잡고 콘크리트를 부을 때 콘크리트의 무게로 인해 움직이지 않도록 단단히 고정한다. 철근 배근은 한번 콘크리트를 타설하고 나면 돌이킬 수 없는 중요한 공정이기 때문에 확실히 감리를 봐야 한다.

기초 이후 공사는 빠르게 진행된다. 층마다 벽체를 구성하는 거푸집을 세우고, 철근을 배근하고, 필요한 전기 배관과 하수도관을 설치하고 콘크리트를 타설하면서 진행된다.

기초 철근 배근 및 배관 설치를 완료하였다.

기초 콘크리트를 타설 중이다.

SD400과 SD500을 같이 사용하였다.

레미콘 업체에서 시행하는 콘크리트 수입검사

STEP 02

골조 공사

2021.4~6

철근콘크리트조는 기초와 골조 공사 공정이 연계되어 진행된다. 즉 바닥 기초 공사가 끝나면 기둥과 벽 철근을 배근한 후 거푸집을 짜고 그 속에 콘크리트를 타설해서 건물의 뼈대를 만드는 공정을 이어간다.

벽체를 세운 후에는 슬래브를 만든다. 슬래브는 바닥이나 지붕을 한 장의 판처럼 콘크리트를 부어 만든 구조물로 합판으로 거푸집을 만들 때 그 안에 다음 층에 필요한 설비(전기, 통신, 수도 등)를 넣는다. 이후 슬래브 철근 배근 시 벽체와 연결할 부분을 슬래브 위로 튀어나오게 배근하여 바닥과 벽체를 연결하고 콘크리트를 타설한 후 어느 정도 양생된 후에 2층을 진행한다.

거푸집은 콘크리트 구조물을 원하는 크기와 모양으로 만들기 위한 틀로 콘크리트, 철근과 더불어 토목 및 건축 공사에 아주 중요한 요소이다. 단독주택에서는 거푸집으로 유로폼을 가장 많이 사용한다. 전국 어디에나 자재 임대업자가 있어 쉽게 구할 수 있고 필요한 만큼 임대

1층 골조 공사 : 기초 위에 거푸집(유로폼)을 설치하고 철근 배근

2층 골조 공사

3층, 지붕 골조 공사

지붕 골조 공사까지 마무리된 모습

료를 주고 사용하고 반납할 수 있다.

레미콘은 생콘크리트를 레미콘 공장에서 배합하여 믹서차로 운반해서 현장에 들여오는 굳기 전 콘크리트를 말한다. 물+시멘트+잔골재(모래)+굵은 골재(자갈)+혼화제로 구성된다. 이 배합비가 콘크리트의 압축 강도를 결정짓는데, 회사마다 다르다. 레미콘 회사에서 직접 현장에 나와서 수입검사를 해준다.

타설 중간중간 바이브레이터를 통해 진동을 주어 콘크리트가 빈틈없이 들어가게 하고, 양생 중 발생할 수 있는 크랙 등을 방지하기 위해 표면을 평평하게 다지는 작업도 진행한다. 콘크리트 타설 시 가장 중요한 것은 날씨다. 혹시나 콘크리트 타설 중 비나 눈이 내린다면 즉시 작업을 중단하고 대비책을 세워야 한다.

콘크리트의 큰 장점 중의 하나가 방수이다. 콘크리트를 다지면서 시행하는 제물 방수에서부터 복합시트 방수까지, 다양한 방수 방법이 있어 누수로부터 안전한 평지붕 구조와 테라스를 만들기 쉽다.

집이 올라가고 마지막 지붕 콘크리트를 타설하기 전에 상량식을 하고 상량문을 넣는다. 종교적인 이유 등으로 상량식을 하지 않는 경우도 있는데 우리는 COVID19로 인해 상량식을 생략하고 인부들과 이웃에게 떡과 음료수를 돌리고 만들어간 상량문을 배경으로 사진을 찍은 후 지붕 밑에 설치하는 것으로 마무리하였다.

직접 만든 상량문을
배경으로 기념사진

주택에서 골조 공사만큼 중요한 것이 단열 공사이다. 옛날에 지은 단독주택에서 살아본 사람들이 하나같이 하는 말이 '단독주택은 겨울에 춥고 여름에 더워서 살기 어렵다'는 것이다. 그러나 최근 지어지는 단독주택의 경우 단열 관련 법규가 까다로워지고 건축 자재나 시공법도 많이 발전하여 조금만 신경 쓰면 추운 집을 무서워하지 않아도 된다.

흔히 쓰이는 단열재 중에서 가장 비싼 것은 경질 우레탄보드와 우레탄폼이고, 압출법 보온판이 그 다음이다. 회색 스티로폼으로 알려진 비드법보온판, 네오폴이 제일 저렴하다.

아무리 좋은 자재를 사용한다고 하더라도 시공에 문제가 있으면 단열 성능이 많이 떨어지게 된다. 특히 편리하다는 이유로 많이 이용하는 일체타설의 경우, 유로폼을 지지하는 핀에 의한 열교(실내 따뜻한 열기가 빠져나가는 현상)가 크기 때문에 단열 성능이 떨어지고 단열재 사이에 시멘트 물이 배어 나와서 틈이 생기기도 한다.

준공 때는 자료에 나온 단열재 스펙만 본다. 따라서 좋은 단열재를 써서 시공했을 경우, 시공 방법에 의해 단열 성능이 떨어지더라도 문제 없이 통과된다. 그러니 일체타설과 같은 시공은 처음부터 건축주가 하지 말라고 요청해야 한다.

발포하여 사용하는 우레탄폼으로 외단열 시공을 하였다.
이런 식으로 외부에 폼단열을 하면 틈 없이 기밀 시공이 가능하여 스티로폼(EPS) 단열재보다 효율이 높다.

목조주택은 목재 자체가 열전도율이 낮고 기밀하게 단열재를 시공하기 때문에 단열 성능에서는 콘크리트주택보다 유리하다. 최근에는 목조에서 주로 쓰는 우레탄폼을 콘크리트주택에도 외단열재로 사용하고 있어서 나 역시 이 단열 방법으로 시공을 하였다.

참고로 다음과 같이 지역별로 건축물의 부위에 따라 열관류율을 정해두고 있다. 열관류율이란 열의 전달 정도를 나타내는 용어로 단위면적당 재료를 통과하는 열량을 말한다. 벽과 같은 고체를 통과하여 공기층에서 공기층으로 열이 전해지는 것으로 값이 작을수록 단열 수준이 높다고 보면 된다.

건축물의 부위			중부지역	남부지역	제주도
거실의 외벽	외기에 직접 면하는 경우		0.270 이하	0.340 이하	0.440 이하
	외기에 직접 면하는 경우		0.370 이하	0.480 이하	0.640 이하
최하층에 있는 거실의 반자 또는 지붕	외기에 직접 면하는 경우		0.180 이하	0.220이하	0.280 이하
	외기에 직접 면하는 경우		0.260 이하	0.310 이하	0.400 이하
최하층에 있는 거실의 바닥	외기에 직접 면하는 경우	바닥난방인 경우	0.230 이하	0.280 이하	0.330 이하
		바닥난방이 아닌 경우	0.290 이하	0.330 이하	0.390 이하
	외기에 간접 면하는 경우	바닥난방인 경우	0.350 이하	0.400 이하	0.470 이하
		바닥난방이 아닌 경우	0.410 이하	0.470 이하	0.550 이하
바닥난방인 층간 바닥			0.810 이하	0.810 이하	0.810 이하
창 및 문	외기에 직접 면하는 경우	공동주택	1.500 이하	1.800 이하	2.600 이하
		공동주택 외	2.100 이하	2.400 이하	3.000 이하
	외기에 간접 면하는 경우	공동주택	2.200 이하	2.500 이하	3.300 이하
		공동주택 외	2.600 이하	3.010 이하	3.800 이하

1) 중부지역 : 서울특별시, 인천광역시, 경기도, 강원도(강릉시, 동해시, 속초시, 삼척시, 고성군, 양양군 제외), 충청북도(영동군 제외), 충청남도(천안시), 경상북도(청송군)

2) 남부지역 : 부산광역시, 대구광역시, 광주광역시, 대전광역시, 울산광역시, 강원도(강릉시, 동해시, 속초시, 삼척시, 고성군, 양양군), 충청북도(영동군), 충청남도(천안시 제외), 경상북도(청송군 제외), 경상남도, 세종특별자치시

보통 아파트는 콘크리트 벽체 내부에 단열을 하고 외부는 페인트칠로 마감을 한다. 따라서 모양을 내기 위해 저층부에 대리석 정도를 시공하는 것을 제외하면 특별히 외장이라고 할 것이 없다. 하지만 콘크리트 단독주택은 골조 외부에 단열을 하고 그 단열재를 외장재로 감싼다. 따라서 설계 단계에서부터 건물 외부에 어떤 외장재를 쓸 것인지를 정한 후 설계해야 한다. 외장재는 건물의 이미지를 결정짓는 중요한 재료이니 여러 건물을 둘러보고 개인적인 취향과 장단점을 고려하여 선정하도록 하자.

외장재의 종류와 특징

❶ 고벽돌 : 고전적인 외장재. 오래된 벽돌을 재사용하는 고벽돌, 청고벽돌, 백고벽돌 등이 있다. 빈티지한 느낌이 있어서 최근 주택에 많이 사용하는 추세이지만 오래된 점토 벽돌이기 때문에 자체 발수 능력이 없어서 자주 발수제를 발라주어야 이끼가 끼는 것을 방지할 수 있다.

❷ 전돌 : 여러 가지 흙으로 구워서 만든 벽돌. 다양한 색과 질감을 가지고 있고 발수 성능도 어느 정도 있어서 시공할 때 발수제를 바른 후 수년에 한 번씩만 발라주면 된다. 최근에는 길이를 길게 한 롱블릭이 유행하고 있다. 벽돌이지만 세련된 느낌이 드는 것이 특징이다. 선향당도 외장재의 일부로 롱블릭(와이드 벽돌)을 사용하였다.

❸ 대리석 : 오랫동안 사랑받는 외장재이다. 가격이 고가여서 고급 건물에만 사용했으나 최근에는 저렴하게 수입되는 제품도 많고 벽돌공 인건비 상승으로 상대적으로 저렴한 시공비 덕분에 많이 사용한다. 하지만 유행이 바뀌면 외장재는 깨끗한데도 오래된 건물 같아 보일 수 있고 판 가장자리가 변색하는 대리석도 있다.

❹ 세라믹 사이딩 : 일본에서 개발되어 전원주택을 중심으로 인기를 얻고 있는 외장재이다. 세라믹을 구워 표면 처리를 해서 만들기 때문에 발수 성능이 뛰어나다. 오염이 되더라도 소나기처럼 강한 비에 깨끗이 씻겨 내려가는 특성이 있어서 건물 청결 유지에도 유리하다. 하지만 가격이 비싸고 인공적으로 만든 느낌 때문에 자연스러움이 떨어지고 단열에 취약하다는 단점이 있다.

❺ 시멘트 사이딩 : 예전 전원주택에서 많이 사용한 외장재로 지금도 경제적인 이유로 많이 사용하고 있다. 시멘트 재질이지만 나무 결을 넣어 페인트를 칠하면 마치 목재 사이딩 같아 보이는 특징이 있다. 외부에 페인트를 칠하기 때문에 색을 자유롭게 사용할 수 있지만 수년에 한 번씩은 페인트를 칠해야 한다.

❻ 목재 사이딩 : 아름다운 나무 무늬로 많은 이의 선택을 받는 사이딩 재료. 오래되면 하얗게 백화되거나 썩기 때문에 관리를 잘해야 한다. 주로 탄화목 또는 방부목 사이딩을 사용하는데 자외선 차단이 되는 오일을 충분히 발라주어 목재가 변색하거나 휘는 것을 방지해야 한다. 최근에는 처음부터 규화제를 사용하여 백화를 시킨 목재 사이딩도 사용한다. 단, 목재 사이딩은 불연재가 아니다 보니 3층 이상의 주택에는 외벽에 사용하지 못한다.

참고로 예전에는 입자가 있는 페인트 느낌의 스타코플렉스를 많이 사용했으나 최근에는 갈라지기 쉽고 오염에 약해서 외장재를 중요하게 여기는 건물에는 잘 사용하지 않는 추세이다.

외장재의 대략적인 가격을 살펴보면, ㎡당 목재 사이딩은 17만 원, 세라믹 사이딩 15만 원, 적삼목 12만 원, 리얼 징크(컬러강판) 12만 원, 노출콘크리트 패널 10만 원, 고벽돌 9만 원, 화강석 8~10만 원, 스타코플렉스 7만 원, 미장 스톤 4.5만 원, 드라이비트 4만 원 순이다. 시공사마다 이윤을 포함하여 가격이 다를 수 있으니 감을 잡는 수준으로만 이해하길 바란다. 벽돌은 자재비는 싸더라도 운송비나 시공비가 비싼데 최근 유행하는 롱블릭(와이드 벽돌)은 일반 벽돌보다 시공비가 더 비싸니 이를 고려하여 선택해야 한다.

290 롱블릭을
사용하여 조적 시공

선향당은 롱블릭과
징크로 외장을 마감하였다.

고벽돌과 현무암

청고벽돌과 탄화목 사이딩

경제적인 외장재로 이름난
시멘트 사이딩

우리가 흔히 알고 있는 창호는 아파트나 빌라에서 사용하는 하이샤시이다. 그러나 단독주택 특히 목조주택에서는 3중 로이유리를 사용한 단창 시스템 창호를 많이 사용한다. 2중으로 된 하이샤시가 단열에서 시스템 창호보다 떨어지는 것은 아니지만 시스템 창호는 밀폐 타입이라서 단열에 뛰어나고 단창이기 때문에 시야가 탁 트인다.

시스템 창호는 크게 독일식과 미국식으로 나뉜다. 독일식은 '턴 앤틸'이라고 하여 하나의 창을 턴 방식으로 열거나 틸트 방식으로 환기를 시킬 수 있다. 미국식은 하이샤시처럼 슬라이딩 방식으로 여닫는 방식이다. 국내 대기업 창호(이건, LG하우시스, KCC, 한화 등)나 중소기업의 창호(영림, 공간 등)에서도 두 가지 방식이 모두 출시되고 있다. 유럽 제품을 제외하면 이건창호와 LG하우시스가 가장 상급으로 평가되니 사용자의 취향에 따라서 선택하면 된다.

틸트   턴

전면 개방이 가능한 폴딩샤시의 활용도 늘어나고 있다. 창이 각 파트로 접히면서 개방되는 형태로 열었을 때 창 전면이 개방된다. 실내공간과 실외 공간을 자유롭게 변환할 수 있어 카페나 아파트 베란다 샤시로 많이 사용하고 있다. 상대적으로 단열에 약하지만 최근에는 3중 로이유리를 적용한 폴딩샤시가 나와서 단열도 많이 보완되었다.

3중 로이유리 폴딩도어 닫은 모습　　　　3중 로이유리 폴딩도어 개방한 모습

창호 공사를 할 때도 시공 시 기밀에 대해서 건축주가 꼼꼼히 챙겨야한다. 창호 도면은 복잡해 보이지만 약자를 알면 도면 읽기가 쉬워진다. 앞쪽의 표시는 재질을 뜻하고, 뒤의 알파벳은 문의 종류를 뜻한다. SS는 스테인리스, W는 우드, P는 플라스틱, A는 알루미늄 등을나타내는 것이고, 뒤의 D는 도어, W는 창문을 뜻한다.

우레탄폼을 사용하여 창호 보양을 할 때와 창호 설치 후 기밀 테이프를 시공할 때 꼼꼼히 챙겨야 창호와 골조 사이의 결로와 누수를 방지할 수 있다. 특히 목조주택의 경우, 반드시 창호가 설치되는 위, 아래에 힘을 받을 수 있는 헤드를 시공하는지 확인하고 이 헤드 안에 단열재를 꽉 채우는지도 확인해야 한다. 우레탄폼도 될 수 있으면 수달사의 저발포 우레탄폼을 사용하도록 한다. 창틀의 변형이 오지 않으면서 구석구석 꽉 차서 기밀이 확실하다.

보통 창호의 하자는 창호의 유리 사이에 결로가 맺히는 현상을 말한다. 창호의 표면에 결로가 맺히는 것을 하자인 줄 아는 건축주도 있는데 창호 표면의 결로는 창호의 하자가 아니라 단열 성능이 떨어지기 때문이다. 더 우수한 단열 성능을 가지는 시스템 창호를 시공하면결로 문제에 대한 걱정을 덜 수 있다.

창호업체

Aluplast 창호 : www.jhroof.com　　　SALAMANDER 창호 : www.srfenster.com
REHAU 창호 : eurorehau.com　　　이건창호 : www.eagon.com

STEP 06

지붕 공사

2021.7

주택에서는 과거 지붕재로 기와를 많이 사용하였다. 그러나 최근에는 지붕재의 종류도 다양해지고 설치 시공 방법도 많이 발전하였다. 가장 크게 달라진 것이 바로 지붕 단열이다. 과거에는 지붕은 거의 단열을 하지 않아서 겨울이면 이른바 '웃풍'이라는 것이 생겨 아무리 보일러를 가동하더라도 바닥만 뜨겁고 공기는 찬 경우가 많았다. 그러나 최근에는 벽보다 지붕의 단열을 더 강화해서 두껍게 단열을 한다. 상가주택처럼 옥상이 있는 평지붕의 경우에는 콘크리트 슬래브 안쪽에 단열하는 내단열을 많이 쓰지만, 책을 엎어놓은 모양의 박공지붕은 벽체와 마찬가지로 골조를 하고 그 위에 외단열을 한다.

이때 지붕재를 올리기 위한 각파이프 공사를 하는데, 스티로폼(EPS) 단열재를 시공하고 각파이프 시공을 하게 되면 용접 시 불똥으로 인해 단열재에 구멍이 생기는 경우가 많다. 그래서 최근에는 각파이프 시공을 먼저 하고 우레탄폼 단열을 한다.

지붕에 각파이프 시공 후
우레탄폼 단열 시공

각 파이프 위에 내수 합판 시공

방수포 위에 알루미늄 징크 시공

이처럼 단열을 하고 나면 그 뒤에 방수 시공을 하고 지붕재를 시공한다. 먼저 파이프 위에 방수 합판을 시공하고 그 위에 방수포를 시공하여 누수가 발생하지 않게 한다. 그리고 그 위에 기와, 징크, 세라믹 슁글, 아스팔트 슁글 등을 시공하여 멋진 지붕을 연출한다. 가격은 기와와 오리지널 징크가 가장 비싼 편이며 리얼 징크와 아스팔트 슁글 순이다.

최근 지붕재나 외장재로 많이 사용하는 징크는 아연을 소재로 한 강판이다. 아연에 구리와 티타늄을 합금하여 만든 오리지널 징크, 철근에 아연을 입힌 리얼 징크(컬러강판), 알루미늄 위에 아연을 입힌 알루미늄 징크가 있다.

징크는 아무리 방청 작업을 잘했다고 해도 피스를 체결하는 부위나 스크래치 부위에 생기는 녹으로 부식되어 방수 문제가 발생할 수 있으므로 지붕재로는 비용이 좀 더 들더라도 리얼 징크보다는 알루미늄 징크를 사용하는 게 좋다.

기와

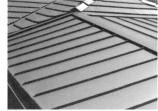

징크

세라믹 슁글

아스팔트 슁글

우리나라 주택의 최대 강점이라고 할 수 있는 바닥난방 시스템은 상당한 수준이어서 각 방별로 개별 조절기, 거실에 통합 조절기를 넣는 것은 기본이고 집 외부에서 온도와 동작을 제어하는 기술도 이미 널리 사용되고 있다. 보일러 역시 가스, 기름, 전기, 화목(나무) 등 다양한 보일러가 있으니 지역 특성에 맞게 사용하면 된다. 선향당은 신도시 택지지구에 있어서 도시가스가 들어오므로 열효율을 높인 콘덴싱 가스보일러를 설치하였고 건축 면적이 넓은 관계로 1층 보일러와 2, 3층 보일러를 따로 설치하였다.

난방 배관은 바닥 콘크리트 슬래브 위에 압출법보온판을 단열재로 시공한 후 난방 효율이 좋은 경량 기포 콘크리트를 타설하였다. 그 위에 난방 배관(XL파이프)을 깔고 U핀으로 고정한 후 방통하였다.

방통은 방바닥을 통미장하는 공사이다. 모래와 시멘트가 혼합된 몰탈(모르타르)에 물을 부어 섞은 방통용 레미콘으로 타설하고 충분한 시간을 두어 양생한 후 원하는 바닥재를 시공하면 바닥 공사가 완료된다.

바닥 공사에서 가장 중요한 것은 마지막 내장재인 바닥재 두께를 미리 반영하여 방통 높이와 수평을 맞추는 것이다. 한 공간에 서로 다른 바닥재를 사용하려면 미리 재료 분리대를 넣고 방통 높이를 다르게 하여 최종 바닥재 시공 후에는 모든 곳의 높이가 같아지도록 한다.

콘크리트 슬래브 위에 압출법보온판 시공

경량 기포 콘크리트 위에 난방 배관 (XL파이프) 시공

방통(시멘트 몰탈) 시공

바닥재의 종류와 특징

❶ 강화마루 : 고온으로 압축한 나무에 라미네이트 필름을 붙인 마루로 강도가 우수하고 끼움 시공을 해서 환경 호르몬이 적다. 그러나 온도에 따른 수축 팽창으로 겨울에 틈이 벌어지고 바닥에서 뜰 수 있어서 층간소음에 약하고 베이스가 나무여서 물에 취약하다.

❷ 강마루 : 합판에 필름을 붙인 마루로 바닥에 본드로 붙이는 시공을 하므로 헤링본 시공이 가능하고 겨울에 틈이 벌어지지 않는다. 다양한 무늬와 디자인이 있어서 최근 가장 많이 사용하는 바닥재이다. 그러나 가격이 강화마루보다 높고 친환경 본드를 사용한다고 해도 환경 호르몬이 우려된다. 철거나 수리할 때 비용이 크게 발생하며 물에 취약하다.

❸ 원목마루 : 합판에 원목(무늬목 2~3mm)을 붙여서 만든 마루로 천연 나무의 느낌이 나는 고급 바닥재이다. 헤링본 시공이 가능하고 광폭 마루도 있어서 다양한 느낌을 만들 수 있다. 그러나 강마루보다 최소 3배 이상 시공 비용이 발생하고 물에 취약하다.

❹ SPC 돌마루 : 최근 개발된 마루로 플라스틱 수지에 돌가루를 섞어서 만든 패널에 나무, 타일, 대리석 등 다양한 무늬의 플라스틱 필름을 붙인 제품이다. 끼움 시공을 하지만 온도에 의한 수축 팽창이 적고 틈이 잘 벌어지지 않는다. 열전도가 우수하고 한번 데워지면 열기를 오래 머금는다.

❺ 포세린, 폴리싱 타일 : 대리석과 같은 고급스러운 느낌과 열전도가 좋고 물에 강해서 최근 많이 사용하고 있다. 그러나 사용하면서 메지 부분에 오염이 잘 되고 크랙이 생기거나 파손되었을 때 수리가 어려우며 단단한 물건을 떨어뜨리면 파손이 잘 되는 단점이 있다.

메지 : 타일과 타일 사이의 이음새를 일컫는다.

바닥재 가격

마루는 시공방법에 따라 인건비를 포함한 시공 비용의 차이가 크다. 강마루와 돌마루는 평당 9만~13만 원, 강화마루는 6만~8만 원, 원목마루는 35만~45만 원에 달한다. 요즘 유행하고 있는 헤링본 스타일 마루는 자재 로스가 많고 시공 난이도가 높아 같은 재료라 해도 단가가 약 15~20% 더 비싸다.

내장 목공 공사는 어찌 보면 집 내부의 속살과도 같은 느낌이다. 인테리어의 가장 기본이 되는 공사이면서 실제 건축주가 생활하는 공간을 만드는 공사이므로 가장 신경이 쓰이고 시공사와의 마찰이 자주 생기는 부분이기도 하다.

인테리어 설계를 따로 하더라도 실제 구현할 때는 시공기사들과 잦은 협의가 필요하다. 설계대로 구현하지 못하는 경우도 있고, 금전적인 부분이나 자재 수급 문제로 인한 대체 자재 선정 시 이견 등이 생길 수 있다. 이럴 때 건축주는 무조건 설계대로 해달라기보다 시공사와 잘 협의하여 좋은 대안과 우회 방안을 고민하는 것이 현명하다. 내장 공사는 단열을 위해 내부 단열재를 시공하고 그 위에 석고보드를 시공하는데, 내부 마감이 도장인지 도배인지에 따라 석고보드 시공이 달라진다. 도배일 경우에는 석고보드 1장으로 마감을 하지만 도장의 경우 석고보드 2장을 사용한다.

도장의 경우, 시각적으로 평활도가 크게 신경이 쓰이기 때문에 고른 면이 생명이다. 보드와 보드가 만나는 부분에 퍼티 작업을 하여 고르게 만들어야 하므로 보통 도장이 도배보다 2배 이상 시공비가 든다. 그래서 선향당의 경우, 공용 공간인 거실과 계단, 복도 등은 도장으로 하고 각 방은 도배로 시공하여 미적인 부분과 경제적인 부분을 절충하였다.

목조주택의 경우에는 구조목 사이에 단열재를 사용하여 바로 석고보드를 시공하지만 콘크리트주택의 경우에는 단열재를 콘크리트 외부에 시공하기 때문에 내부 석고보드와 콘크리트 사이에 내단열재를 넣어 단열을 보강하는 것이 나중에 극한 추위 때 결로 방지에 도움이 된다. 보통 내단열재로는 아이소핑크라고 하는 고밀도 발포 스티로폼 형태의 단열재를 많이 사용하는데 외부 단열을 한 상태에서 내부 단열 보강용으로 석고보드에 밀착 시공하기 편하기 때문이다.

목조주택의 경우 방과 방 사이 벽을 통한 방음이 콘크리트주택보다 취약하다. 따라서 벽체 마감재 안쪽으로 방음 패널과 같은 흡음재를 넣고 시공하면 보다 방음 효과가 좋다.

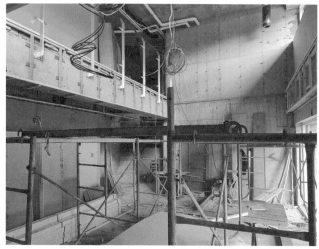

하지 작업 : 모든 공사의 밑바닥 작업을 뜻한다. 내장 공사 시에는 각목을 콘크리트에 박는 하지 작업을 한 후 그 위에 석고보드를 댄다.

거실 내부 내장 공사 : 하지 목작업 후 석고보드를 대고 있다.

거실 도장 밑작업 : 석고보드의 틈을 퍼티로 메우는 하지 작업 진행

STEP 09

도장, 도배 공사

2021.7~8

내부 마감 중 벽이나 천장의 최종 마감에 해당하는 것이 도장, 도배이다. 살면서 매일 마주해야 하다 보니 자재나 색을 매우 신중하게 고르지만 막상 시공을 하다 보면 마음에 들지 않아 변경을 요청하기도 한다. 늘 그렇듯 이런 변경은 그에 따른 공사비 상승을 감수해야 한다. 그러나 공사비 상승을 감수하더라도 꼭 바꾸고 싶다면 바꾸길 권한다. 도장이나 도배는 한번 시공이 끝나면 다시 하기도 어렵고, 그러면 비용이 더 상승하니 바꾸려면 공사 중에 바꿔야 한다. 물론 미리 충분히 샘플을 보고 후회하지 않을 결정을 하는 것이 제일 좋다.

도장 재료인 페인트도 수입과 국내 브랜드 간 단가 차이가 크다. 특별히 선호하는 수입 브랜드가 있다면 시공 견적 의뢰 단계에서부터 요청하는 것이 좋다. 색은 시공 전, 페인트 주문을 할 때까지만 선택하면 된다. 나중에 보수를 고려하여 색 코드를 기록해 두도록 하자.

도장과 함께 많이 하는 것이 도배다. 다양한 종류의 벽지들이 나와 있고 품질 수준도 꽤 높다. 그래서 도배지 고르는 것도 만만치 않다. 도배지는 크게 실크, 합지, 한지로 나눌 수 있다. 실크 도배지는 띄움 시공을 하고 재질이 강하기 때문에 시공 후 오랫동안 품질을 유지하는 장점이 있다. 그러나 약간의 환경 호르몬이 나오기 때문에 가족 중 아토피가 있어 친환경 벽지를 선호하는 경우 합지나 한지 도배지를 선택하기도 한다. 같은 종류라도 가격이 천차만별이니 꼭 샘플을 볼 때 가격을 함께 확인하며 마음에 드는 벽지를 고르는 게 좋다.

❶ 1층 미도장(퍼티 작업 완료),
2층 1차 도장 상태

❷ 도장이 완성된 모습

3층 북카페 내장 공사 : 무절 편백 루버 시공

실내를 도장이나 도배 외에도 위와 같이 목재로 마감하기도 한다. 창밖으로 보이는 나무의 푸르름과 북카페 내부 편백 루버(가는 널빤지)의 나무 속살이 잘 어우러지게 시공하였다. 이때도 석고보드 작업을 다 한 후 그 위에 루버를 시공하여 결로와 습기에 의한 내장재 변형을 방지한다.

편백 루버 시공 시에 건축주는 유절(옹이가 있음)인지 무절(옹이가 없음)인지를 지정해야 한다. 무절이 유절보다 거의 두 배나 비싸기 때문에 무절을 생각하고 있었는데 유절로 시공을 하면 시공사와 예상치 않은 분쟁을 겪을 수 있다.

무절과 유절은 가격 외에도 다른 특징이 있다. 무절은 옹이가 없기 때문에 미려한 무늬와 고급스러움이 있다. 반면 유절은 옹이가 살아있어 보다 자연에 가까운 느낌이 있고 편백나무의 피톤치드 향이 강하다. 건축주의 취향에 따라서 선택하면 된다.

STEP 10

조명 공사

2021.9

실내 인테리어에서 중요한 부분을 차지하는 게 조명이다. 과거에는 방과 거실, 주방 조명만 달리 골라 달았지만 이제는 간접등과 인테리어등을 잘 배치하고 조명 색도 주광색, 주백색, 전구색 등 다양한 색을 매칭해서 사용하고 있다. 조명기구도 LED 등이 보급되면서 다양한 형태의 등이 사용되고 있다. 따라서 건축주는 많은 다양한 조명기구 중에서 원하는 것을 골라야 하는 고민도 해야 한다. 조명은 집의 분위기를 좌우하기 때문이다.

조명 고민이 어렵다면 인테리어 설계를 의뢰해서 전문가에게 조명 설계를 맡기는 것도 방법이다. 조명기구의 모양과 조도, 그리고 공간만의 특색을 잘 살려서 조명 배치를 하게 되면 그 어떤 인테리어보다도 효과적으로 아름다운 집을 지을 수 있다.

실내등은 큰 등을 다는 것보다 다운라이트 같은 작은 매립등을 여러 개 설치하고 포인트등이나 스탠드 조명을 추가하는 추세인데 특별히 생각하고 있는 조명기구가 있다면 건축주가 직접 구입해서 시공사에 전달해도 된다. 그럴 경우, 시공사 견적 시에 미리 알려주는 것이 좋다. 만약 개인사업자가 있는 건축주라면 조명회사에 사업자 등록을 하고 업자 가격으로 할인 구매 후 세금계산서를 받아서 부가세 환급을 받을 수 있다.

거실의 아트월 간접등과 팬던트등, 천장 라인등

조명기구 고르는 법

조명기구를 고를 때는 통일성보다는 각 공간에 어울리는 디자인으로 선택하는 것이 좋다. 조명기구의 형태만큼이나 광원의 색온도를 어떻게 할지 정하는 것이 중요하다. 일반적으로 주광색(형광등색 : 색온도 5,000K), 주백색(태양광색 : 색온도 4,000K), 전구색(백열전구색 : 색온도 3,000K)을 사용한다.

조명은 오프라인 쇼룸을 운영하는 업체를 방문하여 직접 보고 구매하는 것이 좋다. 서울 을지로, 논현동에 조명기구 판매 거리가 있으며, 신분당선 동천역 근처 비츠조명 오프라인 전시장도 있다.

한 공간에 여러 조명기구를 설치할 때는 반드시 스위치를 분리하여 각각 켜고 끌 수 있게 해야 한다. 밝기와 분위기를 조정하면서 사용하는 것이 좋기 때문이다.

비츠조명 : www.vittz.co.kr
공간조명 : www.9s.co.kr
히트조명 : www.led24.co.kr
프로라이팅 : www.prolighting.co.kr
오늘의 집 : ohou.se

테라스등과 홈바 메인등 : 전구색 LED등

북카페 메인등과 윈도우 테이블등, 매립등

나는 전체적으로 주백색(색온도 4,000K)을 위주로 하여 조명을 배치하고 포인트로 전구색등을 활용하였다. 주백색은 태양광과 비슷하고 눈에 편한 빛을 내어 피로도가 적다. 조도를 조정할 수 있게 디밍 스위치를 달기도 하는데, 간단하게 조명마다 스위치를 분리하여 달면 상황에 따라 조도를 달리 쓸 수 있다.

계단이나 복도, 전실(현관) 등은 일일이 스위치를 켜고 끄지 않아도 되는 센서등을 추천한다. 일반적인 적외선 센서 외에 RF Microwave 센서는 센서등이 아닌 일반 등에 연결하여 천장 내에 매립 실치해서 사용할 수 있다. 선향당의 경우 계단과 전실을 이러한 방식을 사용해 센서가 보이지 않지만 자동으로 점등되는 등을 설치하였다.

옥외등은 크게 주차장등과 외벽등, 그리고 정원등으로 나눌 수 있다. 주차장등은 센서등으로 하여 사용의 편리성을 높이고 외벽등은 건물과 조화가 잘 되는 디자인의 등을 사용하여 건물을 아름답게 보이게 한다. 정원등은 단독주택의 큰 장점인 마당을 비추는 등으로 멋지고 활용성도 높다. 기본이긴 하지만 옥외등은 방수가 잘되는지 따져봐야 한다.

계단 센서등 : 일반 펜던트 등에 센서를 연결 후 천장에 매립

전실 센서등 : 센서를 천장에 매립하여 센서가 보이지 않는다.

STEP **11**

욕실 공사

2021.8~9

욕실은 최근 인테리어에서 비중이 높아진 영역으로 건식과 습식을 분리하여 사용하는 추세이다. 탑볼 형태의 세면대를 세면대 하부장 위에 설치하면 인테리어 효과와 함께 수납공간을 확보하기에도 좋다.

나 역시 1층과 2층 욕실을 건식 세면대 공간과 습식 샤워 공간으로 분리하여 설계 시공하였다. 사용해 보니 매우 효과적이고 위생적으로 사용할 수 있고 건식 공간의 따뜻한 느낌도 만족스럽다.

욕실 자재는 주로 사용하는 타일 외에도 대리석, 나무 등을 사용할 수 있다. 자재 가격도 수입산 고가 도기와 수전부터 가성비 좋은 국산, 가격이 아주 저렴한 중국산까지 다양하니 설계를 할 때부터 신중하게 고르는 것이 좋다.

1층 : 건식 세면대 + 1인용 사우나 + 다운 조적욕조

홈사우나 업체
에버조이
www.everjoy.co.kr
뉴젠사우나
newgenshop.co.kr

1층은 거실과 다이닝룸, 주방, 그리고 연로하신 어머님 방이 있는 공간이다. 따라서 집에 방문하는 손님과 어머님이 함께 사용하기 좋도록 오픈 공간에 건식 세면대를 놓고 변기와 다운 조적욕조를 안에 배치하여 외출 후 손 씻기에 좋고, 어머님도 편하게 쓸 수 있도록 구성하였다. 그리고 1인용 사우나를 넣어서 집에서도 편하게 사우나 후 바로 목욕을 할 수 있게 하였다.

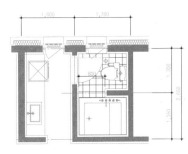

1층 욕실 설계도

건식 세면대

일반적인 세면대 하부장이 아니라 이케아 싱크대(보드빈)를 사용하였다. 키가 작은 어머님도 편하게 사용하도록 8cm 높이의 다리를 1cm로 낮추고, 상판은 대리석으로 시공 후 반매립 세면볼을 시공하였다. 세면대 하부장을 이케아 싱크대로 한 것은 기존 기성 하부장이 가격에 비해 퀄리티가 떨어지고 맞춤 싱크대 업체에서 우레탄 도장 도어로 맞출 경우 가격이 비쌌기 때문이다. 세면대 하수배관은 서랍장을 개조하여 해결하였다.

다운 조적욕조

다리가 불편하신 어머님이 편하게 다용도로 이용할 수 있도록 설계 때부터 다운욕조를 넣기로 하고 1층 바닥 기초 콘크리트를 타설할 때 욕조 부분을 낮게 시공하였다. 욕조에 단차를 두어서 계단처럼 쓰거나 앉을 수 있게 하였고 거친 대리석으로 마감하여 미끄럼을 방지하였다. 욕조 바닥과 욕실 바닥 역시 미끄럽지 않은 논슬립 포세린 타일로 시공하였다.

조적욕조
자리 기초와
조적욕조

하부장을 이케아 싱크대로 하고 하수배관을
뚫어 사용하였다.

2층 : 건식 세면대, 변기 + 습식 샤워부스, 욕조

2층 안방 욕실은 건식과 습식을 완벽히 분리하여 설계하였다. 그래서 건식 세면대와 변기는 안방 바닥재와 같은 SPC 돌마루로 시공하고, 각 분리된 공간에 환기창을 두어서 욕실이 빠르게 건조될 수 있게 하였다. 2층 세면대 하부장 역시 이케아 싱크대를 개조한 후 대리석 상판을 시공하고 탑볼을 올렸다. 또한 복합기능 환풍기인 휴젠뜨를 설치하여 편하게 머리를 말릴 수 있게 하였다.

참고로 을지로 거리에 타일과 도기를 전문으로 다루는 가게에서는 욕실 하나당 250만~400만 원 선이면 괜찮은 화장실을 만들 수 있다. 개략적인 단가는 변기는 7만~30만 원, 세면기는 5만~30만 원, 수전은 3만~15만 원, 세면대 위 거울은 4만 원부터, 욕실장도 대략 5만 원부터 가격대가 형성되어 있다. 가격은 브랜드 인지도, 국산과 중국산 여부, 디자인 스타일에 따라 차이가 있다.

2층 안방 욕실 설계도

3층 : 습식 세면대, 변기 + 습식 샤워부스

두 아들이 사용할 화장실과 두 딸이 사용할 화장실을 각기 다른 콘셉트로 꾸몄다. 아들을 위한 화장실은 기본적인 타일색을 골랐으나 딸을 위한 화장실은 색감이 화사한 타일과 독특한 디자인의 세면대, 조명 거울을 넣어 딸들이 좋아하는 욕실을 완성할 수 있었다.

길고 높은 세면대는 일반 세면대의 두 배 정도 가격이었지만 설치하니 만족도가 컸고 강화유리 파티션으로 세면대 공간과 완전히 분리한 샤워 부스는 활용성도 좋다.

욕실 용품은 가격차가 크므로 발품이 필수이다. 욕실의 경우, 건축주의 지정이 없으면 기존 빌라나 임대형 다가구를 시공하듯이 하려고 하는 경우가 많다. 인테리어가 가미된 욕실을 원한다면 마감 재료와 메지, 실리콘 등의 색까지 미리 지정해주어야 오시공이나 재시공을 막을 수 있다.

욕실용품 매장
욕실용품을 직접 고른다면 넓은 전시실을 가지고 있는 도매 업체를 방문하는 것이 좋다. 서울 강남 논현동에는 고가의 수입 업체가 모여있으며, 가성비를 따진다면 인천과 화성 일대 매장을 둘러보는 것을 추천한다.

용타일(인천, 화성 병점)
홈씨씨인테리어 인천점
영림 홈앤리빙 인천갤러리
쎈스타일(화성 가산동)

남자아이들 욕실

여자아이들 욕실

인테리어 설계가 되어 있지 않은 도면으로 견적을 의뢰하면 시공사에서는 도면에 있는 가구 중 신발장, 싱크대 정도만 견적이 들어온다. 펜트리 창고나 드레스룸 도어도 가구 도어로 되어 있어서 이 또한 가구 공사에 해당하기에 대략적인 견적에 포함된다. 하지만 실제로 시공할 때는 건축주가 원하는 디자인과 제품을 선택하여 진행하는 경우가 많아서 견적은 참고하는 정도에 그친다.

물론 인테리어 설계를 완벽하게 했을 경우에는 그 설계에 맞는 자재, 디자인, 사양을 가지고 시공업체에서 가구 공사를 진행할 수 있지만, 내 경우 따로 인테리어 설계를 하지 않고 기본적인 디자인을 토대로 하였기에 가구 공사는 별도의 업자를 선정하고 사양을 정해서 진행하였다. 이렇게 하면 인테리어 설계비 및 시공비를 절감할 수 있고, 건축주 의견이 100% 반영된 가구 인테리어가 가능하기 때문이다.

싱크대

여러 맞춤 싱크대 업체와 상담을 통해 디자인과 재료 사양을 정해서 견적을 받아봤는데, 역시나 상당히 비싸게 견적이 들어왔다. 고민 끝에 이케아의 우레탄 도장 싱크대에 천연 대리석 상판을 올리고 저소음 싱크볼과 수전을 각각 구매하여 조립하는 형태로 진행하였다. 이케아 싱크대는 우레탄 도장 싱크대가 상대적으로 저렴하고 중급 이상의 레일을 쓰기 때문에 아주 고가의 레일을 원하는 경우가 아니라면 가격 대비 우수한 내구성을 지닌 싱크대 서랍을 구성할 수 있다. 또한, 취향에 맞는 손잡이를 고를 수 있는 것도 장점이다.

대리석 상판은 건축전시회에서 알게 된 대리석 전문업체 더오리진스톤을 직접 방문하여 대리석 모양을 보고 고른 후 원하는 크기와 후가공을 정해서 상세견적을 받았다. ㎡당 단가와 면 가공, 타공 비용을 넣은 견적은 싱크 업체에서 천연 대리석을 옵션으로 넣은 견적보다 많이 저렴했다. 다만 무거운 대리석 여러 장을 배송받는 것과 싱크대 위에 올려서 시공하는 것이 어려워서 전문 설치 기사에게 대리석 시공을 맡겼다.

이렇게 싱크대 부품을 각기 따로 가성비가 우수한 업체를 골라서 구매하면 시공 인건비를 들이더라도 토탈 맞춤 싱크 업체보다 상당히 저렴하게 설치할 수 있다.

천연 대리석은 수분을 흡수하는 성질이 있으니 사용하기 전에 대리석 전용 방수 코팅제로 코팅 작업을 해야 얼룩이 생기는 것을 방지할 수 있으며 1년에 1회 정도 코팅을 해주면 깨끗하게 사용할 수 있다.

대리석 상판을 시공한 아일랜드 장

2층 홈바에 설치 중인 이케아 싱크대

싱크대장 설치 완료 – 상판, 싱크볼, 수전 미설치

상판 대리석과 싱크볼, 수전을 따로 설치하여 홈바 완성

붙박이장

신발장이나 붙박이장은 목공 공사로 할 수도 있지만 붙박이장 전문 업체에서 제품을 보고 원하는 디자인과 색을 정한 후 별도의 시공업체에 시공 견적을 받아 시공하는 것이 좋다. 이렇게 전문 시공업체를 섭외하여 진행하면 시공사에서 하는 것보다 비용이 저렴하고 건축주의 취향을 반영할 수 있다.

전실의 신발장과 각 방에 설치한 붙박이장 시공 견적은 숨고를 통해 받았다. 원하는 시공 사양을 정해 올려두면 생각보다 많은 여러 업체에서 견적을 제시하는데 실제 시공한 현장 사진과 후기들을 보고 선정하면 된다.

붙박이장 업체
영림 붙박이장 yl.co.kr
한샘 붙박이장
www.hanssem.com
우노 맞춤 가구
unogagu.com

주방, 거실 벽 냉장고장 설치 중

냉장고장 설치 완료

신발장

전실에서 가장 중요한 신발장은 붙박이장 시공업체와 상의하여 공간에 맞게 디자인하여 설치하였다. 신발장 벤치 뒷벽은 목공팀과 협의하여 애쉬 집성목으로 포인트를 주었고, 주방의 펜트리 문도 신발장과 동일한 재질의 자재를 선택하여 일체감을 주었다.

수납에 목적을 둔 신발장　　　　애쉬 집성목으로 포인트를 둔 벤치

안방 붙박이장

안방은 욕실과 방 사이에 붙박이장을 시공하였다. 드레스룸과 수면 공간이 자연스럽게 분리되는 효과가 있으며 방문으로 들어왔을 때 침대가 바로 보이지 않는 이점도 있다.

붙박이장으로 공간을 분리하면 벽 두께로 생기는 공간 손실을 줄일 수 있고 추후 구조를 변경하고 싶을 때도 상대적으로 간편하게 공간을 재구성할 수 있다.

붙박이장을 시공할 예정이라면 애초에 설계할 때부터 붙박이장 위치를 고려하여 천장 매립 조명의 위치와 실링 팬의 위치를 정해야 한다.

붙박이장은 수납효과와 함께 침대를 가리는 효과가 있다.

중문

현관 안쪽 전실과 복도 사이에 중문을 만들면 외풍을 막을 수 있고 냄새를 차단할 수 있다. 중문은 집에 들어오자마자 마주하는 공간이니 인테리어에서 중요한 요소가 되기도 한다. 많이 하는 3 연동 중문이나 1 슬라이딩 중문은 계속 열어두고 쓰는 경우가 많은데 중문은 기능적으로 닫아서 사용해야 그 효용성이 있다. 그러니 사용자가 의식하지 않아도 자동으로 닫히는 중문을 선택하는 것이 좋다. 스윙도어는 힌지가 있어서 열어두면 자동으로 닫히는 것이 좋고 슬라이딩 도어는 가격이 좀 들더라도 자동 도어를 선택하기를 권한다.

짜투리 수납공간

설계를 하다 보면 계단 밑이나 외벽이 직각이 아니어서 생기는 숨은 공간들이 생긴다. 이러한 공간은 그대로 두면 죽은 공간이 되지만 수납을 할 수 있게 갤러리 도어를 달거나 장이나 선반을 짜 넣으면 효율적인 수납공간이나 포인트 공간으로 만들 수 있다. 설계에 미처 반영하지 못했다면 시공 시 내장 목공팀과 잘 협의하여 전체 인테리어를 해치지 않는 선에서 생명력 있는 공간으로 탈바꿈하도록 하자.

계단 아래 수납장

코너를 활용한 반장

시스템 에어컨

최근에 선호하는 시스템 에어컨은 목공 시공 시 안쪽에 매립 배관을
설계하고 도장, 또는 도배 후 설치하는 것이 좋다. 시공 중에 배관을
매립하기 때문에 깔끔한 시공이 가능하다. 나중에 A/S나 유지 보수
를 고려하여 층고가 높은 천장에는 설치하지 않는 것이 좋다.

전열교환기

실내 온도를 유지하면서 외부의 찬 공기를 빠르게 데워서 실내로 유
입시키고 실내 공기를 외부로 빼주는 장치이다. 이미 10여 년 전부
터 아파트에는 필수로 설치하고 있으며, 최근에는 단독주택에도 많
이 설치하고 있다. 중앙집중식(중앙에 전열교환기가 있고 각 방 천장
에 덕트를 설치하여 공기를 순환하는 장치)과 개별 방식(각방에 하나
씩 외벽을 뚫어서 설치하는 장치)으로 나눌 수 있는데 각각의 장단점
이 있으니 건축 환경에 따라서 선택하면 된다.

태양광 패널

정부의 녹색에너지 정책에 따라 단독주택의 경우 정부 보조금을 받
아 친환경 발전 장치인 태양광 패널을 설치할 수 있다. 그래서 원래
가격의 절반도 안 되는 가격으로 설치하여 전기요금을 줄일 수 있
다. 선향당의 경우 태양광 패널로 한 달 평균 300kW 정도 발전하여
월 전기요금이 평균 1만 원 정도로 줄었고, 한여름에도 에어컨 사용
으로 높아진 전기요금의 누진 구간을 낮추는 역할을 하고 있다. 보

통 태양광 패널의 수명이 30년 전후이니 한번 설치하면 오랫동안 사용할 수 있다.

몰딩, 걸레받이

최근에는 벽 안쪽으로 들어가 깔끔해 보이는 마이너스 몰딩과 걸레받이를 많이 하는 추세이다. 그러나 선향당은 몰딩을 액자걸이로 하여 편의성을 높이고, 걸레받이 역시 마이너스 몰딩에는 SPC 돌마루 시공이 안 되어서 일반 걸레받이로 하였다. 벽면을 도장으로 마감했기 때문에 로봇 청소기를 사용할 때 스크래치 방지에도 일반 걸레받이가 좋았다. 강마루나 원목마루는 마이너스 걸레받이가 가능하다.

주차장 바닥, 천장 공사

주차장 바닥으로는 투수블록이나 컬러콘크리트를 주로 쓴다. 투수블록으로 할 경우 100㎡ 기준 약 500만~800만 원, 컬러콘크리트는 약 200만~300만 원 수준이다. 컬러콘크리트의 경우 표면을 에폭시 도장으로 마무리하는데 사용하면서 타이어 마찰에 의한 벗겨짐이 발생하니 시공사에서 사용한 도료를 알아두었다가 나중에 보수를 할 때 사용하면 좋다. 그리고 비가 올 경우 미끄럼 방지를 위해 논슬립 시공을 해달라고 꼭 요청해야 한다.

주차장 천장은 모두 준불연재로 시공하여야 한다. SMC, DMC, AL 패널을 주로 쓴다. 금속 재질 마감재로 일반적으로 50㎡의 SMC 천장재가 150만~200만 원 정도이다.

많은 우여곡절 끝에 특검을 받고 사용승인(준공)이 떨어지면 이젠 입주 및 거주가 가능하다. 아파트도 사용승인이 나고 입주하기 전에 사전 점검을 하듯이 단독주택도 입주하기 전에 점검해야 하는 사항들이 있다.

입주하여 생활하고 있는 도중에 문제를 발견하게 되면 그 문제를 해결하는 과정에서 상당한 불편을 초래할 수 있는 사항들이니 미리 입주 전에 꼼꼼히 점검하여 문제 해결 과정에서 발생하는 불편을 줄이도록 하자.

1) 각종 기기류 작동 점검

보일러 : 새로 설치한 보일러 작동 상태를 점검하고 각 방마다 조절기가 제대로 작동하는지 확인한다. 이때 난방수 분배기 쪽과 보일러 냉, 온수 인입부 누수를 함께 점검하는 것이 좋다. 물론 새로 시공한 것이기 때문에 큰 문제가 없겠지만 간혹 설비 시공자가 연결 커넥터를 잘못 시공하여 누수가 발생하는 경우가 있다.

각종 수전 점검 : 싱크대, 세면대, 변기, 화장실 청소건 등 수압이 센 수도를 상용하는 수전은 반드시 꼼꼼히 점검해야 한다. 시공자의 시공 실수뿐만이 아니라 제조업체의 불량으로 인하여 미세한 누수가 생기는 경우가 간혹 있다.

각종 전등, 스위치 점검 : 조명 시공 때 점검했겠지만 그래도 입주 전에 다시 점검하는 것이 좋다. 시공 직후에는 별문제 없다가 시간이 지났을 때 문제가 생기는 조명기구가 간혹 있기 때문이다. 특히 옥외 조명이나 높은 천장에 달려있는 조명은 더욱 꼼꼼히 점검해야 한다.

각종 도어 점검 : 슬라이딩 도어는 시공 후 수평이 안 맞아서 저절로 열리지는 않는지 점검이 필요하다. 문제가 있으면 바로 시공사 목공팀을 불러서 조치를 취해야 한다. 방화 도어, 방문 같은 스윙도어는 열고 닫을 때 간섭이 없는지 꼼꼼히 점검하는 것이 좋다.

전열교환기 점검 : 최근 단독주택은 기밀이 잘되게 설계가 되어있기 때문에 환기가 필요하다. 따라서 많은 집에서 전열교환기를 설치하는데 실제로 작동하기 전에는 하자를 발견하기 어려우니 꼭 입주 전에 정상적으로 작동하는지 점검하도록 한다.

시스템 에어컨 점검 : 여름에 입주할 때는 바로 에어컨을 가동하기 때문에 문제를 빨리 발견할 수 있지만 겨울에 입주할 경우에는 그냥 점검 없이 계절을 보내고 더운 여름이 왔을 때 제대로 작동하지 않아서 큰 불편을 겪는 경우가 있다. 따라서 겨울 입주라 하더라도 입주 전에 에어컨을 가동해서 작동 상태를 점검한다.

디지털 도어락, 인터폰 점검 : 현관에 설치하는 디지털 도어락과 인터폰의 작동 상태를 점검한다. 새 기기라서 큰 문제가 생기지는 않지만 만에 하나 입주 후 문제가 발생하면 곤란해지니 입주 전에 점검하도록 한다.

CCTV 점검 : CCTV는 단독 기기를 설치하는 경우와 보안업체와 계약을 하고 설치하는 경우가 있다. 보안업체 CCTV는 업체에서 지속 점검을 하므로 크게 신경 쓸 부분이 없지만 단독으로 기기를 설치한 경우에는 입주 전에 작동 상태를 점검하는 것이 좋다.

2) 창호 점검

최근에 사용하는 시스템 창호는 밀폐기능이 좋고 3중 유리를 사용하여 두껍고 무거워서 고가의 기능성 창호 프로파일이 들어간다. 따라서 실제로 창호를 열어서 턴, 틸트 기능이 잘 되는지 꼼꼼히 확인해야 한다. 또한 턴 시 창대(창호 밑에 시공한 나무 마감재)가 원목이라서 휨 변형이 와서 창호와 간섭이 발생하는지 반드시 점검해야 한다. 보통 원목을 시공할 때 앞뒤로 오일 도장이나 우레탄 도장을 한 후 시공을 하는데 간혹 빨리 시공하려고 시공 후 도장을 하는 경우가 있다. 이렇게 보이지 않는 뒷면에 도장이 안 되었을 경우 생각보다 빨리 휨이 발생할 수 있고, 창호와 간섭이 생겨서 창을 열고 닫을 때 긁히는 현상이 발생하게 된다. 그러니 시공 전이나 시공 중에 점검하더라도 이후 변형으로 인한 문제는 없는지 입주 전에 확인하도록 한다.

3) 욕실, 다용도실 타일 점검

타일은 하자발생 인정 기간이 짧을 뿐더러 시공 후 입주 전에도 크랙이 발생하는 경우가 많다. 눈에 보이지 않는 실크랙이 살짝 있는 타일을 시공했을 경우 시공 직후에는 눈에 보이지 않다가 시공 후 진동이나 실내외 기온차에 의해 갑자기 눈에 보일 정도의 크랙이 가는 것이다. 따라서 이러한 타일의 상태도 입주 전에 한 번 더 점검하도록 한다. 보통 시공사에서 하자 발견 1년 내에는 타일 보수를 해준다.

집을 다 짓고 사용승인(준공)을 받고 나면 제일 골치 아픈 것이 바로 주택을 사용하면서 발생하는 하자일 것이다. 대형 건설사가 시공하는 아파트도 이 하자로 인해서 엄청나게 스트레스를 받는 세대들이 많다. 단독주택의 경우 하자는 더 골치 아픈 문제이다. 주택 공사는 작업자의 숙련도도 다르고 자재 자체의 하자도 있을 수 있다. 따라서 하자가 전혀 없으면 좋겠지만 크고 작은 하자가 발생하는 것이 필연적이다. 이에 대해서 대부분의 시공사는 성심성의껏 보수해주지만, 무제한으로 하자에 대한 책임을 지지는 않는다. 그래서 정부에서 건설산업기본법으로 정해둔 하자 담보 책임 기간 안에 시공사와 협의하여 수리해야 한다.

하자 보증 기간은 공정마다 다른데 일정 기간 이상 문제가 없으면 하자가 아니게 된다. 예를 들어 미장, 타일의 경우 1년까지 문제가 없으면 그 시공에는 큰 하자가 없다는 의미이고, 지붕이나 방수는 3년까지 문제가 없으면 그 시공에는 큰 하자가 없다는 것이다. 만약 그 기간 안에 하자가 발생하면 이는 시공상 하자이기 때문에 시공사에서 무상으로 보수를 해줘야 한다. 담보 책임 기간 이후에는 동일한 하자에 대해서는 무상으로 보수를 받을 수 있지만 신규 하자에 대해서는 유상으로 보수를 진행해야 한다. 대부분의 종합건설업체에서는 이와 같은 내용을 잘 이행하고 있지만 영세한 직영 공사 업체는 업체 자체가 없어져 보수가 안 되는 경우도 많다. 따라서 하자보수를 생각해서라도 시공사 선택 시에 업력과 신뢰도를 잘 평가하여 시공사를 선택해야 한다.

이러한 시공사의 자체 문제(폐업, 불성실 등)로 인하여 하자보수를 이행하지 않을 경우를 대비하여 하자이행보증 증권을 받아놓는 것이 좋다. 만약 담보 책임 기간 내에 하자가 발생하여 시공사에 하자보수 요청을 했는데 시공사에서 보수를 해주지 않는다면 보증 보험에 청구하고 보수업체를 통해서 보수를 진행할 수 있다.

나 역시 준공 후 오래지 않아 하자가 발생했다. 바로 시공사에 연락하여 하자보수를 요청했고 해당 작업을 진행한 업자가 방문하여 하자보수를 하였다. 하자 중에서 가장 까다로운 누수 관련 하자였기 때문에 발생 원인을 찾는 데 상당한 시간이 걸렸다. 누수 지점을 찾기도 어려워서 급기야 누수 탐지기까지 동원하여 누수 위치를 찾았다. 원인은 보일러 배관 연결 부위였다. 원인을 찾은 후 배관 공사를 다시 진행하였고 이후 누수가 없는지 재차 확인하였다. 젖었던 내부 부위가 모두 마르고 하자보수가 완료됨을 확인한 후 시공사에서 다시 미장 공사 후 내장 목공 보수를 진행하였고 마지막으로 도장 공사까지 하여 처음 시공 때와 같은 상태로 복원하였다.

1층 천장 누수로 인해 천장, 벽으로 물흐름 발생   누수 위치를 찾아 보수 후 목공, 도장 공사 진행

시공 과정에서 꼼꼼히 체크를 했더라도 하자는 예기치 않은 곳에서 얼마든지 발생할 수 있다. 이처럼 하자가 발생했을 때는 그 원인을 찾아내고 추가 하자가 발생하는지 확인한 후에 해결되었음을 재차 확인하고 복원 공사를 진행해야 다시 같은 하자가 발생하지 않는다. 문제가 없게 시공하는 것도 중요하지만 문제가 발생하면 빨리 보수하는 것도 중요하다.

건설산업기본법 시행령에 의한 하자 담보 책임 기간

구분	하자 책임 기간
실내의장	1년
토공	2년
미싱 • 타일	1년
방수	3년
도장	1년
석공사 • 조적	2년
창호설치	1년
지붕	3년
판금	1년
철물	2년
철근콘크리트	3년
급배수 • 공동구 • 지하저수조 • 냉난방 환기 공기조화 • 자동제어 • 가스 배연설비	2년
승강기 및 인양기기 설비	3년
보일러 설치	1년
건물 내 설비	1년
아스팔트 포장	2년
보링	1년
건축물 조립	1년
온실 설치	2년

네 식구가 내 맘대로 지은 집 내맘이당

information

대지 위치 : 경기도 용인 기흥

주택종류 : 단독주택

설계사무소(건축사) : 재귀당 건축사사무소

시공사 : 브랜드하우징

설계기간 : 10개월

시공기간 : 8개월

주택구조 : 경량목구조+ 공학목구조 보강재

대지면적 : 246㎡(74.7평)

건축면적 : 105㎡(31.7평)

연면적 : 190.83㎡(57.8평)

가구수 : 1가구

층수 : 지상 2층(+다락)

준공연도 : 2021년

외장재 종류 : 지정골강판+탄화목+화강암

지붕재 종류 : 골강판

주차 대수 : 1대

단독주택을 언제 계획해서 실행에 옮겼나요?

둘째가 태어나고 8개월 만에 걷기 시작하면서 '아이 둘이 쿵쾅거리면 아랫집은 얼마나 힘들까?'라는 생각이 들 때부터 주택을 보러 다녔습니다. 2017년부터 주말마다 전국으로 임장을 다녔습니다. 구체적으로 '언제 집을 짓자!' 이런 마음으로 다닌 건 아니었지만 '좋은 땅이 있으면 거기에 집을 짓자!'라는 마음으로 양산 물금마을, 강릉, 서판교, 여주 등을 여기저기 누비고 다녔습니다. 1년 넘게 돌아다니다가 2018년에 현재 토지를 발견했어요. 아침에도 와서 보고, 밤에도 와서 보고, 눈올 때도 와서 봤지요. 볼 때마다 계속 마음에 들어서 계약하고 그때부터 본격적으로 시공사, 건축사를 알아보고 미팅하러 다녔습니다. 건축사사무소만 일곱 군데를 미팅했어요. 그분들이 지은 집도 미리 가서 살펴보고 인터뷰 자료나 유튜브, 촬영한 것도 찾아봤습니다.

단독주택에서 살기로 한 결정적 이유가 있다면요?

어렸을 때부터 아파트에서만 살았던 남편이 우리 아이들은 뛰어놀 수 있는 집에서 키우기를 원했습니다. 우리 역시 아파트에서 살았던지라 걸음걸이가 힘찬 둘째에게 "뛰지 마!"라는 말을 자주 할 수밖에 없었고, 이렇게 아이에게 소리만 지르는 부모가 되면 안 되겠다 싶어서 주택을 지어야겠다고 생각했습니다. 빌라나 타운하우스도 고려했었는데 여러 관련 책과 잡지를 읽으면서 우리 가족한테 잘 맞는 주거형태는 우리의 개성을 살릴 수 있는 단독주택이라는 걸 알게 되었습니다.

우리의 예산으로는 서울에서 토지 매입도 어려워서 시부모님댁과 합쳐서 염곡동의 토지를 매매하려고 했는데, 계약 당일 토지 소유주가 나타나지 않았어요. '서울은 우리랑 인연이 없구나.' 생각하니 아쉬웠지만, 이왕 지방으로 갈 거라면 굳이 시부모님과 합가를 할 필요가 없으니 우리 마음대로 지을 수 있어서 좋았습니다.

단독주택에서 사니 어떤 점이 좋고 어떤 점이 나쁜가요?

무엇보다 계절을 고스란히 느낄 수 있어서 좋습니다. 모든 계절을 즐길 수 있고, 비록 약간의 시간 제약은 있어도 공간의 제약이 덜하니 하고 싶은 일은 대부분 할 수 있습니다. 한여름, 한겨울을 제외하고는 매일같이 마당에서 온 가족이 밥을 먹습니다. 특별한 반찬 없이 김치만 곁들여 먹어도 마당에서 저녁을 먹으면 소풍 나온 느낌입니다. 한여름에는 본관과 별관 사이의 데크에 4미터짜리 수영장을 놓아서 아이들이 종일 물놀이를 합니다. 집에만 있어야 하는 COVID19 시국에도 수영장 덕분에 재미있게 보냈습니다.

단점은 손이 많이 간다는 겁니다. 한여름에는 마당의 잡초가 허리까지 올라오고, 일주일만 관리를 하지 않아도 정글이 됩니다. 미리 잡초가 안 자라게 뿌리를 제거하거나 높이 자라지 않았을 때 잘라야 합니다. 아파트에서 살 때보다 공간이 넓어져서 도시가스, 전기요금이 늘었지만 그래도 관리비만큼 나오지는 않습니다.

보통 단독주택의 단점으로 또래 친구들의 부재를 꼽는데 저희 같은 경우에는 바로 옆에 대규모 아파트단지가 있고, 단독주택부지에 있어서 또래 친구들이 많습니다. 친구네도 다 수영장이 있는 단독주택이라 그날그날 놀고 싶은 수영장을 골라서 친구들끼리 같이 떼 지어 다닙니다.

단독주택에서 사는 것에 대해 현재 가족 중 누가 가장 만족하나요?

재미있게도 아이들이 아니라 혼자 독채를 차지한 아이들 아빠가 가장 만족해합니다. 회사가 멀어져서 출퇴근이 조금 힘들지만, 집에 오면 그 모든 수고가 상쇄될 만큼 만족해하고 있습니다.

큰아이도 넓은 집에서 마음껏 그림을 그리고, 수영하고, 마당을 찾는 길고양이들에게 밥을 주는 주택 생활을 즐기고 있습니다. 이사 오기 전보다 좋냐고 물으면 예전 동네 친구들을 자주 못 만나는 거 빼고는 모든 게 좋다고 합니다. 저녁마다 마당에서 밥을 먹는 것도 좋고, 그림 그릴 공간도 다양하고, 책을 읽을 수 있는 공간도 다양해서 질리지 않는다고 합니다. 집의 모든 공간이 놀이터라고, 계단까지도 다양하게 놀 수 있는 공간으로 활용하고 있습니다.

이전에 살던 거주 형태와 가장 큰 차이점은?

예전 집은 20평대 아파트라 모든 활동을 거실에서 해야 했는데, 그래서 누가 뭘 하는지 모두가 알 수 있었습니다. 반면 지금은 각자의 공간에서 하고 싶은 것을 하며 시간을 보내다 보니 만나서 함께하는 시간이 더 애틋하게 느껴집니다.

예전엔 같이 식사를 하는 공간이 주방 식탁밖에 없었지만 지금 주택에서는 식탁뿐만 아니라 마당, 데크, 2층 거실, 별채 등 우리가 원하는 곳이 식사 공간이 됩니다. 우리 집이 방송에 나올 때는 2층 거실에서 TV를 보며 밥을 먹고, 날이 좋을 때는 마당에서, 아이들을 재우고 부부끼리 먹을 때 별채에서 먹기도 합니다. 어떤 활동이든 정해진 구역이 아니라 원하는 어디서든 할 수 있는 게 가장 큰 변화입니다.

주택 설계 과정에서 어려웠던 점은 없나요?

모든 주택 설계가 비용과 연결되니 비용 문제가 가장 어려웠지요. 그걸 제외하고는 초기에 이웃과의 마찰이 가장 큰 어려움이었습니다. 우리가 원하는 건축 형태를 두고 이웃에서 말이 많았거든요. 조경을 해한다거나 조망권 등에 문제가 없었는데도 말이죠.

설계 과정은 관심사에 대한 열정적인 대화와 머릿속의 집이 구체화하는 것을 지켜보는 과정인지라 무척 흥미로웠습니다. 건축사와의 상담이 충분했고, 상담하고 나면 내가 원하는 방향으로 수정되어서 그 과정 자체가 재밌었습니다.

누구와 설계를 함께하느냐를 정하는 것이 제일 어려웠습니다. 우리가 만난 건축사들은 모두 경력과 포트폴리오가 훌륭한 분이어서 한 명을 선택해야 하는 것이 너무 어려웠습니다. 포트폴리오가 가장 멋진 곳을 선택하기보다는 상담하면서 대화가 잘 통하는 건축사를 선택해서 계약했는데, 그 결정은 지금까지도 후회 없이 잘한 선택이었다고 자부하고 있습니다.

주택 시공 과정에서 어려웠던 점은요?

일반적인 형태의 주택이 아니다 보니 시공사에게 많은 핀잔을 들었습니다. 보통 60평 주택 골조가 오래 걸려야 7~8일인데 내맘이당은 19일 동안이나 골조를 진행했습니다. 인건비 비싼 골조 목수들을 너무 오랫동안 모시고 있다고 했지만, 정작 목수들은 그런 어려운 주택을 지어서 뿌듯하다고 해주셔서 감사했습니다.

소품 대부분은 직접 공장을 다니며 골랐습니다. 바닥재, 타일류 일체, 도기류, 매입등, 스위치와 스위치 박스, 전부 해외에서 직구하거나 국내 공장을 다니면서 직접 알아봤습니다. 개인 거래를 안 하는 곳은 거래처를 알아다가 시공사에 연결해주면서 하나하나 컨택했습니다. 무척 시간이 걸리는 과정이었지만, 결과적으로 만족합니다.

하다못해 '매입등' 하나만 봐도 등 종류만 10가지가 넘고 그에 따른 각종 소품까지

합하면 매입등 하나를 정하기 위해 고려해야 하는 옵션만 최소 50가지가 넘습니다. 그걸 전부 직구하고, 같은 사이즈의 소품이 국내산과 비슷하면 국내산을 찾아서 직접 구매한 후 전기팀 팀장님한테 전달하는 일을 몇 달이나 했습니다. 아마 남의 집이라면 너무 힘들어서 못 했을 일이지만, 우리 집이니 힘든지 모르고 해냈습니다. 타일도 제가 원하는 색을 찾기 위해 수입사를 찾아서 연락하고, 샘플 타일도 받아보고, 그 타일에 맞는 메지 색깔까지 다 찾아서 시공사에 전달했습니다. 타일 붙이는 전문가도 집 시공 계약하면서 5개월 전에 예약해놓고 모셔왔습니다. 한마디로 지극정성을 다했지요.

현재 사는 주택에서 가장 마음에 드는 공간은 어디인가요?

전 1층 다이닝 공간이 제일 좋습니다. 산 끝자락을 보면서 요리할 수 있고, 가장 넓은 공간이자 가족들과 가장 많은 시간을 보내는 곳이라 좋습니다. 설계 때부터 후드 매입형 인덕션 설치를 결정했던지라 후드가 가리지 않는 깔끔한 주방을 완성할 수 있었습니다.

본관과 별관 사이의 데크 공간에서는 우리가 원하던 캠핑장 느낌을 낼 수 있어 좋습니다. 가끔은 차박을 하면서 별을 보기도 합니다. 수영장을 두기 위해 10t의 하중을 견딜 수 있게 바닥에 추가 보강을 해둔 것도 스스로 칭찬하는 부분입니다. 일부 데크의 경우 10t의 수영장 하중을 견디지 못한다고 하니까요.

이런 점은 미리 계획에 넣을 걸 하는 부분은 없나요?

콘센트가 좀 부족하게 느껴지는 점 말고는 미리 계획한 방향에 맞게 살고 있습니다. 그러려면 '방 몇 개, 마당은 해가 잘 드는 곳으로' 이런 천편일률적인 계획이 아니라 그 방에서는 뭘 할 건지, 마당은 어떤 용도로 활용할 건지 등에 대해 정확하게 계획해야 합니다.

다만 '애초에 담장을 둘걸' 하는 생각은 듭니다. 인제 와서 하려니 지은 집과 어울리지 않아서요. 양 옆집은 담장이 있는데 '내맘이당'에만 담장이 없다 보니 지나가는 사람들이 마당을 지나가는 통로로 생각하거나, 산 정비하는 분들이 베이스캠프

삼아 마구 활동하셔서 얼마 전, 마당에 심었던 모종들이 많이 밟혀서 죽었습니다. 또 종종 "집이 예쁜데, 카페냐?"하고 묻는 분들이 불쑥 들어오셔서, 저녁 시간에도 놀란 적이 몇 번 있습니다.

다시 단독주택을 짓는다면 어떻게 짓고 싶으세요?

다시는 짓고 싶지 않습니다! 그 고생을 다시 할 생각을 하면 벌써 한숨이 나오네요. 그만큼 지금 집에 만족하고 최선을 다했습니다.

다시 짓는다면 콘센트만 좀 더 많이 여기저기 만들고 싶네요. 그거 말고는 따로 바꾸고 싶은 부분은 없습니다. 담장만 어울리게 추가하고 싶습니다.

살면서 시공하자는 없었나요? 있었다면 어떻게 해결했나요?

산 지 1년이 되었지만 아직 시공하자는 없었습니다. 아이가 어려서 문을 막 차고 다녀서 포켓도어가 움직이지 않는 경우가 있었는데, 시공사에서 두 번이나 무상으로 고쳐주셨습니다. 설계 때부터 계획한 그네도 아이들이 하도 험하게 매달리고 뱅뱅 돌아서 나사가 느슨해졌는데 시공사에서 오셔서 그네 위 보강까지 다시 잡아서 연결해주고 가셨습니다. 그러니 반드시 A/S가 확실한 시공사를 만나셔야 합니다.

살면서 설계 시 아쉬운 부분은 없었을까요?

원안대로 별관 2층을 만들어서 본관 2층과 구름다리를 놓았으면 더 예뻤을 텐데 안전상의 문제와 시공비용 때문에 포기한 게 가장 아쉽습니다. 구름다리를 만들면 구조재만 1억이 더 들어간다고 해서 바로 포기했습니다. 예산이 넉넉했다면 실행에 옮겼을 거예요.

또 하나는 외벽에 전원콘센트가 있으면 안 좋다고 해서 외벽 쪽에 전원콘센트를 거의 안 만들었는데 그게 후회되고, 외부조명도 더 넣을 걸 하는 아쉬움이 있어요. 외부조명은 밤에만 활용한다고 생각해서 별생각 없이 밝지 않게 했는데 마당에서 저녁 먹을 때면 거실 식탁 조명을 바깥쪽으로 조정해야 해서 해가 짧은 계절에는 조금 불편합니다.

마지막으로 단독주택을 계획하고 있는 예비 건축주에게 조언을 부탁드려요

어떠한 공간으로 활용할 것인지, 5년 후, 10년 후에는 가족 구성원이 어떻게 사용할지를 미리 생각하고 설계를 해야 합니다. 그러면서 내가 지금 원하는 삶과 닿아 있어야 하고요. 다만, 미리 대비해놓는 건 좋지만 '나중에 팔 때'라는 생각으로 남들이 좋아하는 집을 짓는 건 반대입니다. 그건 내 집이 아니라 남을 위한 집이니까요. 그런 집은 일반적인 하우징주택에서 훨씬 저렴하게 잘 뽑혀 나와 있으니 주택을 지을 생각이라면 나와 우리 가족이 원하고, 우리의 라이프스타일에 맞는, 나만의 맞춤 주택을 지으시길 바랍니다.

후회하지 않으려면 집 짓기 공부를 많이 해야 합니다. 공사는 시공사가 해준다고 해도, 원하는 집을 지으려면 건축주가 더 많이 공부하고 찾아봐야 합니다. 관련 서적은 물론이고 이미지 검색, 웹 서칭, 유튜브 등 할 수 있는 모든 방법으로 내가 짓고 싶은 집을 구체화해야 합니다.

부모님과 따로 또 같이 사는 집 소솔재

information

대지 위치 : 서울 강남구 율현동

주택종류 : 다가구주택

설계사무소(건축사) : 유타 건축사사무소

시공사 : 가드림

설계기간 : 7개월

시공기간 : 8개월

주택구조 : 철근콘크리트

대지면적 : 316㎡(95.6평)

건축면적 : 157.94㎡(47.8평)

연면적 : 312.28㎡(94.5평)

가구수 : 4가구

층수 : 지상 2층(+다락)

준공연도 : 2020년

외장재 종류 : 벽돌

지붕재 종류 : 징크(칼라강판)

주차 대수 : 4대

단독주택 짓기는 언제 계획해서 실행에 옮겼나요?

2019년 4월에 계획을 세우고 2019년 7월에 최종적으로 단독주택을 짓기로 결정했습니다. 이후 2020년 2월 말까지 약 7개월간 설계 과정을 거쳤고, 2020년 3월에 시공사 선정 후 시공에 들어가서 2020년 11월에 완공 후 입주했습니다.

실제로 단독주택을 짓기로 구체적 계획을 세우기 전에도 약 3년 동안 개인 블로그에 마음에 드는 집, 좋은 인테리어, 좋은 내부공간 디자인, 설계과정 등 집과 관련한 좋은 글을 링크로 모아놓고, 나중에 집을 짓는 경우 참고하려고 했습니다. 틈틈이 찾아둔 자료 덕분에 건축사를 선정하는 과정에서 내가 좋아하는 대략적인 집의 형태(매스, 외장재, 내장재, 내부구조)를 파악할 수 있었고, 그것과 유사한 설계를 한 건축사, 주위에서 추천받은 건축사, 동네에서 마음에 들었던 집을 설계한 네 군데의 건축사사무소와 상담 후 건축사사무소를 선정했습니다.

단독주택에서 살기로 한 이유는요?

초등학교 1학년 이후로 쭉 마당이 있는 단독주택에서 살았기 때문에 단독주택 생활에 익숙해져서 아파트에서 살고 싶은 생각이 없었습니다. 아파트는 외부가 공용공간이라서 개인 공간이 없으니까요. 그래서 한번 들어가면 외부로 나오지 않게 되는 곳이란 생각을 해서 평소 아파트 생활을 답답하게 생각하고 있었습니다.

지금 우리 가족이 지내는 2층도 테라스가 없었으면 아파트처럼 답답하게 느꼈을 텐데, 꽤 넓은 테라스를 설계 때 넣었습니다. 덕분에 마당만큼 외부 사적 공간을 제공해주어 여유로운 단독주택 생활을 즐기고 있습니다.

photo by 이한울

261

단독주택에서의 삶의 장단점은? 단점을 극복하는 방법이 있을까요?

장점은 무엇보다 이웃의 방해를 덜 받고 덜 신경 쓴다는 거죠. 마당과 테라스 등 외부에 개인적인 공간이 있어서 맑은 날, 비 오는 날, 눈 오는 날 등 계절의 변화와 날씨를 즐길 수 있는 것도 큰 장점입니다. 친구 초대 및 가족 초대와 같은 모임이 자유롭고 외부 개인 공간에서 바비큐를 할 수 있는 것도 좋습니다. 1층에 있는 부모님 집에서 자주 가족 모임을 가집니다. 아파트에 살면 가족이 모여도 같이 할 게 없어 식사하고 TV만 보다 헤어지는데, 마당이 있는 단독주택에서는 같이 고기도 굽고 차도 마시고 얘기도 하면서 많은 시간을 함께할 수 있어서 더 자주 모이게 됩니다. 단독주택의 단점이라면 아파트보다는 소소하게 주인이 신경 써야 할 일이 많다는 것입니다. 마당의 잔디도 깎아야 하고, 매일 나무에 물을 주고 상태를 살펴야 합니다. 그런데 저와 어머니가 마당 관리를 좋아해서 이 부분에 대해서는 크게 불편하지는 않습니다. 단독주택에 사니까 아파트에 사는 사람보다 훨씬 날씨 정보에 민감하게 됩니다. 비가 많이 오거나 바람이 심하게 불면 야외 나무들이나 가구들이 괜찮은지 살펴야 하는 점이 단점이라면 단점일 수 있겠네요.

단독주택에서 사는 것에 대해 현재 가족 중 누가 가장 만족하나요?

소솔재는 부모님이 사시던 구옥을 허물고 지은 다가구주택입니다. 부모님은 사실 예전 집에서 계속 살기를 원하셨습니다. 우리 가족은 분가해서 따로 사는 상황이어서 구옥이더라도 두 분이 사시기에 충분하고, 무엇보다 익숙한 공간이었습니다. 그러니 부모님께는 집을 짓는 동안 다른 집을 구해 지내는 것도 부담이고, 무엇보다 연세가 많으신데 새집을 짓는 큰 프로젝트를 진행할 때 신경을 많이 써야 한다는 것에 부담을 느끼셨습니다. 하지만 제가 구체적인 세부 계획을 세워 꾸준히 부모님을 설득하여 신축하기로 결정했고, 지금은 두 분 모두 굉장히 만족하십니다. 멋진 주택을 지으니 오랫동안 살아 익숙한 이 동네에서 우리 집이 핫한 곳이 됐습니다. 산책하는 사람들이 지나가며 집을 쳐다보고 부러워하니 집을 자랑스러워하십니다. 마당의 크기가 좀 작아지긴 했지만 두 분이 가꾸고 즐기시기에는 충분한 공간이라며 만족해하십니다. 우리 가족 역시 2층 테라스를 마당 및 옥상 카페처럼 사

용하며 즐기고 있어서 저와 아내, 아들 모두 좋아합니다.

이전에 살던 거주 형태와 가장 큰 차이점이 있다면요?

저는 유치원 때와 초등학교 저학년 때 잠깐 아파트에 살았던 거 외에는 계속 단독 주택에 살아와서, 이전 거주 형태와 큰 차이가 없습니다.

구옥과 구조적으로 가장 큰 차이는 부엌인 것 같습니다. 구옥의 경우 부엌이 좁았고 부엌이 거실과 분리되어 있는 구조였습니다. 요리를 하고 함께 식사를 하기엔 다소 불편했죠. 그래서 이번에 집을 지을 때는 부엌이 주부의 공간이 아닌 가족 모두의 공간이 될 수 있게 확장된 거실 느낌이 들도록 하고 요리를 할 수 있는 공간과 냉장고 두 대를 둘 수 있게 충분한 공간을 만들었습니다.

또한 구옥의 경우 여름에는 덥고, 겨울에는 추운 구조적인 문제가 있어 신축을 할 때 냉·난방에 신경을 많이 썼습니다. 곳곳에 시스템 에어컨을 설치하고 두꺼운 단열재를 사용한 결과 단독주택에 살아도 덥지 않고 춥지 않다는 것에 가장 큰 만족을 느끼고 있습니다.

단독주택에 살아보니 이런 점은 미리 계획에 넣을 걸 하는 부분이 있다면요?

나중에 각 층 단위로 넓은 공간이 필요하거나 카페와 같은 상가로 사용할 때 구조 변경이 쉽도록 수평적으로 1층 및 2층 각각은 몇 개의 지주 벽을 제외하고는 대부분 허물 수 있도록 설계 및 시공을 했습니다. 그런데 수직적으로 1층과 2층을 연결하는 계단 부분은 사전에 고려하지 못했습니다. 추후 부모님과 함께 살지 못할 때를 고려하여 1층과 2층을 내부에서 연결할 수 있는 계단을 고려해 설계에 반영했었으면 좋았겠다는 생각이 듭니다. 단독주택을 지을 때 현재 상태의 가족 구성원만을 생각해서 짓게 되는데, 가족 구성원 변화가 생겼을 때도 불편하지 않게 생활할 수 있도록 사전에 계획하면 좋을 것 같습니다.

주택 시공 과정에서 어려웠던 점은 없었나요?

어릴 때부터 약 30년간 부모님과 함께 살던 집을 허물고 그 자리에 부모 세대와 아들 세대가 함께 살 집을 신축하다 보니 처음부터 끝까지 부모님과 모든 것을 같이 의사결정해야 하는 것이 쉽지 않았습니다. 더군다나 부모님은 이미 두 차례 신축을 한 경험이 있으셔서 집은 이렇게 지어야 한다는 나름의 생각을 가지고 계셨고, 그런 생각이 건축사의 의견이나 제 의견과 다른 경우 부모님을 설득하기가 쉽지 않았습니다.

그리고 공간은 제한이 되어 있는데 가족 구성원들이 각자 잘 만들고 싶은 공간이 있다 보니 이 부분을 조율하는 것도 어려웠습니다. 예를 들어, 저는 부엌을 넓게 만들고 싶어했고 아내는 서재를 넓게 만들고 싶어해서 이런 부분을 계속 합의하는 과정이 필요했습니다. 실제 주택 시공 과정에서는 별 어려움이 없었습니다. 저는 신축 경험이 없다 보니 전체 공정이나 세부 공정에 대해 잘 몰라 진행이 제대로 되는 건지 좀 답답했는데, 다행히 건축사사무소에서 친절하게 제 질문에 대해 답변을 잘 해주셨고, 시공사 현장소장님도 아주 꼼꼼한 분을 만나서 시공 과정은 순조롭게 진행되었습니다.

현재 사는 주택에서 가장 마음에 드는 공간은 어디인가요?
마당과 테라스, 그리고 바깥의 조경수를 감상할 수 있는 7m 높이의 거실 창이요. 마당은 소나무와 꽃 가꾸기를 좋아하는 부모님에게 없어서는 안 될 공간입니다. 예전의 마당보다는 60% 정도 줄었지만, 이제 연세가 많이 드셔서 지금 정도의 마당 공간이 가족 모임을 하기에도, 가꾸기에도 적당하고 좋은 거 같습니다.

2층(실제로는 3층 다락)에 있는 테라스는 우리 가족에게 없어서는 안 될 공간입니다. 주말에 음악을 듣고 식사도 하고 날씨도 즐길 수 있는 단독주택만의 좋은 공간을 제공하고 있습니다. 2층 거실은 층고가 7m나 되고, 동남향으로 큰 창이 있어서 수직적으로 큰 개방감을 줍니다. 큰 창을 통해 빛이 많이 들어와서 항상 밝은 집을 만들어 줍니다.

단독주택을 계획하고 있는 예비 건축주에게 해주고 싶은 말은?
가장 중요한 것은 좋은 건축사사무소를 만나는 것입니다. 건축사사무소의 수준에 따라 건물의 마감 수준이 결정됩니다. 보통 건축사사무소는 같이 협력하는 시공사와 주방/가구업체 네다섯 군데가 있는데, 건축사사무소의 수준에 따라 시공사 및 주방/가구업체의 수준이 달라집니다. 깐깐하고 꼼꼼한 건축사사무소는 자신들이 설계한 집의 마감이 그들이 생각하는 수준으로 나오길 원하기 때문에 그에 맞는 수준의 협력업체들과 일을 합니다.

또한 시공사(주방/가구업체)는 건축주 말보다 건축사사무소 말을 더 잘 들어요. 시공사 입장에서 보면 건축주를 다시 만날 확률이 거의 없지만, 건축사사무소는 계속 같이 일을 해야 하고, 건축사사무소가 건축주에게 시공사를 추천해 주지 않으면 일을 받을 수 없으므로 시공사는 건축사사무소의 지시를 잘 따릅니다. 그러니 건축사사무소를 잘 선택하면 건축주는 시공에 대해 걱정할 필요 없이 일이 일사천리로 진행될 수 있습니다. 또, 요구사항을 시공사에게 직접 요구할 때보다 건축사사무소를 통해 얘기하는 게 반영이 더 잘되더군요.

다시 단독주택을 짓는다면 어떻게 짓고 싶으신가요?
설계과정을 느긋하게 진행하고 싶습니다. 신축을 결정하고 본격적으로 건축사사

무소를 선정하는데 2달 정도 소요되어 건축설계 과정에서 나름 건축사와 미팅을 하고 협의를 해서 진행을 했지만, 그 다음 해 3월경에 시공을 시작하는 것으로 계획을 세워 진행하다 보니 설계과정을 여유 있게 즐기지 못했던 거 같습니다. 지금 생각하면 설계과정 시 시간에 쫓기지 않고 충분한 시간을 들여 고민하고 생각했으면 더 좋지 않았을까 싶습니다. 현 주택 설계가 마음에 들긴 했지만, 어느 순간에는 처음부터 다시 제로에서 새로운 방향으로 설계를 하면 어떨까 하는 생각도 들었는데, 시공 시점을 어느 정도 정하고 진행하다 보니 엄두를 내지 못했거든요. 그래서 다음 집을 짓는다면 시공 시점을 조급하게 정해두지 않고 설계가 마음에 들 때까지 여러 가지 시도를 해보고 싶습니다.

좋은 건축사사무소를 판단하는 기준이 있나요?

좋은 건축사사무소를 만나야 한다고 얘기하지만 사실 좋고 나쁘고를 판단할 뚜렷하고 확실한 기준은 없습니다. 전자제품은 리뷰/비교 사이트 등이 있지만 건축사사무소는 객관적으로 비교할 수 있는 기준이 없으니까요. 그러니 건축물 관련 기사를 꾸준히 보면서 자신의 취향에 맞는 자신만의 데이터베이스를 축적하고, 건축사사무소의 홈페이지를 방문하여 실제 설계한 사례가 얼마나 되는지, 어떻게 설계했는지 확인하는 것이 중요한 것 같습니다.

살면서 시공하자는 없었나요? 있었다면 어떻게 해결했나요?

아직 큰 시공하자는 없었습니다. 단지, 첫 겨울에 2층 천장(지붕 바로 아래)에 결로가 발생하여 벽지에서 물이 새어 나왔습니다. 단열재를 충분히 사용했으나, 실내와 실외의 온도 차로 인해 결로가 발생했던 겁니다. 그해 겨울, 천장 쪽 환기를 자주 시키고, 실내 온도가 너무 높지 않도록 관리하니 두 번째 겨울에는 결로가 전혀 없었습니다. 건축 후 첫 한 해는 콘크리트가 완전히 건조되기 전이라서 지붕의 형태에 따라 천장에 결로가 발생하기도 한다고 합니다. 그 외 조명 깜빡임에 따른 교체, 벽지 들뜸, 문이 틀어져서 닫을 때 바닥에 긁히는 문제 등은 대부분 작은 하자여서 시공사에서 바로바로 처리해주고 있습니다.

다시 집을 짓는다면

집을 지으면서 가장 힘들었던 부분과 좋았던 부분이 있다면요?

가장 힘들었던 때는 시공사를 선택할 때와 시공을 진행하다가 현장소장이 변경된 시기였습니다. 먼저 시공사를 선택할 때 여러 시공사에 견적을 의뢰하고 검토를 하면서 많은 고민을 했습니다. 업체마다 마음에 드는 부분이 다 달라서 어떤 부분에 더 가중치를 두고 고를지 나름대로 고민이 많았습니다. 이때 역시 건축사님이 큰 도움을 주셨습니다. 아무래도 건축 경험이 많고 특히 시공사 경력까지 있으신 분이라서 같이 견적서를 보면서 문제가 있는 견적서를 걸러내고 정말 괜찮은 세 개 업체로 줄여서 여러모로 분석한 후 시공사를 선정했습니다. 두 번째 어려웠던 것은 현장소장의 교체입니다. 처음 배정된 현장소장의 건강 문제로 2층 콘크리트 타설 후부터 새로운 현장소장이 오셨습니다. 인수인계를 하긴 했지만 아무래도 잡음이 있었어요. 전 현장소장이 제대로 챙기지 못한 부분에 대해 새로 온 현장소장과 수시로 협의하며 문제를 해결해나갔습니다.

좋았던 부분은 너무나 많은데 그중 가장 큰 세 가지는 어머니를 모시기로 하며 그동안 못했던 아들 노릇한 것과 아이들의 바람인 각방을 만들어준 것, 그리고 아내가 원하는 대로 주방 공간을 만든 것입니다. 모두 절실히 원했던 것이었지만 현실의 벽에 부딪혀서 못했던 것들인데 직접 설계를 하고 시공을 하면서 원하는 것을 현실로 만들었다는 게 행복했습니다.

땅을 고를 때 가장 중요하게 생각해야 하는 것은 무엇일까요? 예산? 입지?

땅은 부동산입니다. 그래서 한번 정해진 입지는 바꿀 수가 없습니다. 그러니 가장 중요한 것은 입지이고, 그다음으로 중요한 것이 예산입니다. 너무 터무니없이 비싼 땅을 입지가 좋다는 이유로 무리하게 구매한 후 건축할 여력이 없는 경우를 제외하고는 예산이 조금 더 들더라도 좋은 입지의 땅을 선택하는 것이 좋습니다. 약간 초과한 예산은 대출이나 임대세대를 넣어 어떻게든 보존할 수 있습니다. 그래서 땅은 첫째도 입지, 둘째도 입지입니다.

현재 사는 주택에서 가장 마음에 드는 공간은 어디인가요?

뭐니 뭐니 해도 단독주택의 묘미는 마당입니다. 건축사님이 설계를 할 때 집을 짓고 자투리 공간을 마당으로 쓰는 것이 아니라 온전한 마당을 설계하고 그 마당과 건물이 상호 교류를 할 수 있는 것이 진정한 단독주택의 묘미라고 하셨는데, 살아보니 그 말이 딱 맞습니다. 아파트에 살 때는 그렇게 많은 시간을 보내고 중요하게 생각했던 거실이 이젠 단순히 가끔 TV를 보기 위한 공간으로 비중이 작아졌습니다. 그보다 마당에 머무르면서 이것저것 하는 시간이 더 많아졌고 그곳에서 여러 행복이 찾아옵니다.

반대로 현재 사는 주택에서 가장 아쉬운 공간은 어디인가요?

가장 아쉬운 공간을 꼽으라면 두 가구로만 설계한 것입니다. 임대세대 역시 우리와 같이 4명 이상의 가족이 여유 있게 살 수 있도록 넓게 설계하다 보니 전용면적 53평이란 큰 공간이 나왔고 그에 맞춰 임대료도 책정했습니다. 그러나 생각보다 넓은 단독주택에서 고가의 임대를 살고자 하는 수요가 많지 않았습니다. 게다가 아파트보다 전세 대출이 적게 나오다 보니(아파트 80%, 다가구 40%) 아파트 전세보다 더 많은 자금이 있어야 하더라고요. 그 때문에 준공 후 임대까지 긴 시간이 걸렸습니다. 약 7개월 만에 계약했고 입주까지 9개월이 걸렸습니다. 시공사와 공사 잔금을 임대 보증금에서 지급하기로 약정을 했기 때문에 서로에게 너무 힘든 시간이었습니다. 다시 설계한다면 현재 토지는 세 가구까지 지을 수 있으니 임대세대를 53평 한 세대가 아니라 25평 두 세대로 설계할 겁니다. 공간 구성을 알차게 하고 임대료를 저렴하게 책정한다면 임대를 하기에도 편할 테니까요.

주택 시공 과정에서 어려웠던 점은 없었나요?

내 집 짓기가 처음이었으니 시공사, 현장소장, 인부들과 공감하기 어려웠던 것이 제일 힘들었습니다. 알고 나면 별일 아닌데, 몰라서 오해가 생기거나 타이밍을 놓쳐서 스트레스가 생기고 비용이 더 들 때가 있었습니다. 그러니 예비 건축주라면 설계 때는 마음을 비우시되 시공 전에는 최대한 많은 정보를 알아두시길 권합니다. 무엇보다 좋은 방법은 이미 집을 직접 짓고 거주하고 있는 다른 건축주들을 만나 물어보는 겁니다.

솔직히 어느 정도의 예산이 확보되어야 단독주택 짓기가 가능하다고 생각하세요?

많이 궁금해하는 부분인 것 같습니다. 그러나 딱 이 정도는 있어야 한다고 말씀드리기가 어려운 질문이기도 합니다. 사람마다 상황이 다르고 원하는 입지가 다르기 때문입니다. 간단하게 "이런 조건이면 이 정도는 있어야 합니다." 하고 말씀드린다면 다음을 기준으로 가늠해 보는 건 어떨까 싶습니다.

· 4인 가족 도심(신도시 포함) 단독주택 : 토지 8억, 건축비 5억, 기타 1억 = 합 14억 원(대출 활용 시 약 7억 원 이상 필요)
· 4인 가족 전원주택 : 토지 3억, 건축비 4억, 기타 5천만 원 = 합 7억 5천만 원(대출 활용 시 약 4억 원 이상 필요)

식구가 더 많다면 더 큰 비용이 들 거고 식구가 적어서 작은 집도 괜찮다면 비용을 덜 들이고도 집을 지을 수 있습니다. 또한 수도권 외곽이 아니라 강원도나 충청도 지역이라면 토지 비용이 더 저렴할 수 있습니다. 머리로만 생각하지 마시고 한번 계획을 짜서 발품을 팔아 임장을 다니다 보면 구체적인 예산과 기간이 나올 거로 생각합니다.

다시 단독주택을 짓는다면 어디에, 어떻게 짓고 싶으신가요?

주거도 시대에 따라 트렌드가 변하고 도시도 시간에 따라서 많은 변화가 생기니 다시 단독주택을 짓는다면 저는 용인플랫폼시티 택지에 집을 짓고 싶습니다. 현재 조성 계획을 보면 너무도 입지가 좋고 주변 인프라 계획도 훌륭합니다. 초기에 이 필지에 단독주택을 짓는다면 생이 다하는 날까지 발전하는 동네에서 살 수 있을 거란 생각입니다. 이 택지는 일반주거지역이어서 상가주택이 가능합니다. 그러니 상가주택을 짓되 주인세대를 일반 단독주택과 같이 마당이 있는 형태로 설계하고 싶습니다.

1층 상가와 주차장, 2층 사무실 또는 임대호실, 3층 사무실 또는 임대호실, 4층 루프탑 형태의 마당과 주인세대(거실, 주방, 다이닝룸, 안방), 4.5층 다락방. 이렇게 최상층은 온전한 단독주택으로 설계하고, 여러 임대호실의 임대 수익으로 노후를 여유 있게 보내면 좋겠다는 생각입니다.

마지막으로, 단독주택을 계획하고 있는 예비 건축주에게 해주고 싶은 말은?

먼저 단독주택에서 살아야 하는 이유를 명확히 한 후 계획을 세우라고 하고 싶습니다. 그리고 가족이 원하는 주택의 모습과 가족의 라이프스타일을 명확히 하되, 기술적인 부분은 건축사와 충분히 논의한 후에 설계에 들어갔으면 하는 바람입니다. 토지매입 단계부터 이러한 목적에 맞춰 땅을 고른 후 건축사와 상담하여 땅을 매입한다면 더 좋은 주택이 만들어질 겁니다. 기성복이 아닌 맞춤복을 짓는 거죠.

대부분의 건축주에게 집 짓기는 그 과정이 낯설어서 때론 힘들고 지칠 수 있습니다. 그러나 산에 오르는 등산객처럼 머리는 정상을 향하여 한발 한발 부지런히 옮기다 보면 어느덧 정상에 서있게 될 것입니다.

또한 주변의 전문가를 최대한 활용하길 권합니다. 건축사뿐만 아니라 건축 박람회에 가서 자재를 판매하는 사람에게 정보를 얻고, 각종 건축 관련 서적에서 정보를 얻고, 단독주택 예비 건축주를 위한 세미나에 참석하면서 막연한 생각을 구체화하길 바랍니다. 토지를 구하는 시간을 충분히 잡으시고 누군가에게 시공사를 소개받을 때는 아는 누구가 아니라 이 집을 잘 지은 시공사를 소개받는 것이 좋습니다. 그리고 반드시 여러 업체를 객관적으로 비교 검토해서 결정하셔야 합니다.

단독주택은 실수요자인 내가 살 집이기 때문에 내가 할 수 있는 모든 것에 다 개입하고 진행하셔야 합니다. 그래야 애정이 깃든 집이 완성됩니다.

마지막으로 단독주택을 짓는 것이 너무 어렵다고 생각하지 않으셨으면 합니다. 단계별로 좋은 전문가들이 많고 양심적으로 책임지고 시공하는 업체도 많습니다. 일단 이러한 업체를 잘 만나는 것부터가 시작입니다. 좋은 파트너를 만나 하나하나 배워가면서 진행한다면 성공적인 프로젝트가 될 수 있습니다.

**잘
지은
단독주택**

**다가구주택 입지 선정부터 시공까지,
평생 후회 없는 내 집 짓기**

초판 1쇄 발행 2022년 7월 25일

지은이 | 홍성옥

펴낸이 | 박현주
편집 | 김정화
디자인 | 인앤아웃
사진 촬영 | 홍덕선, 서진미
사진 어시스트 | 조예진, 홍록기
사진 대여 | 노경, 이한울, 윤동규
마케팅 | 유인철
인쇄 | 도담프린팅

펴낸 곳 | (주)아이씨티컴퍼니
출판 등록 | 제2021-000065호
주소 | 경기도 성남시 수정구 고등로3 현대지식산업센터 830호
전화 | 070-7623-7022
팩스 | 02-6280-7024
이메일 | book@soulhouse.co.kr

ISBN | 979-11-88915-59-0